数控车加工技术

主编　王世猛　王　群　祝辛梅

郑州大学出版社

图书在版编目(CIP)数据

数控车加工技术 / 王世猛，王群，祝辛梅主编. — 郑州：郑州大学出版社，2021. 11

ISBN 978-7-5645-8244-9

Ⅰ. ①数… Ⅱ. ①王… ②王… ③祝… Ⅲ. ①数控机床 - 车床 - 加工工艺 - 中等专业学校 - 教材 Ⅳ. ①TG519.1

中国版本图书馆 CIP 数据核字(2021)第 208761 号

数控车加工技术

SHUKONGCHE JIAGONG JISHU

策划编辑	袁翠红	封面设计	苏永生
责任编辑	杨飞飞	版式设计	凌　青
责任校对	崔　勇	责任监制	凌　青　李瑞卿
出版发行	郑州大学出版社	地　　址	郑州市大学路 40 号(450052)
出 版 人	孙保营	网　　址	http://www.zzup.cn
经　　销	全国新华书店	发行电话	0371-66966070
印　　刷	郑州龙洋印务有限公司		
开　　本	787 mm×1 092 mm　1 / 16		
印　　张	13.25	字　　数	305 千字
版　　次	2021 年 11 月第 1 版	印　　次	2021 年 11 月第 1 次印刷
书　　号	ISBN 978-7-5645-8244-9	定　　价	39.00 元

编写指导委员会

作者名单

主　编　王世猛　王　群　祝辛梅
副主编　黄金来　黄绍格

前　言

数控加工技术是现代制造技术最重要的组成部分之一，数控技术水平的高低、数控机床的拥有量已经成为衡量一个国家工业现代化的重要标志。当前数控机床的应用已经非常普遍，制造业急需大批能够熟练掌握数控机床操作、编程与维修的技能人才。

数控车削加工是一门实践性、综合性、灵活性强的专业理论与实践课程，它的主要任务是以数控车削的编程、工艺、实操加工为主，同时适当拓展中职技能大赛、自动化编程方面的知识，解决数控工艺、编程、检测等方面的技术要素，通过模块化项目式教学方法，以任务驱动为主导，坚持理论与实际相结合，培养学生快速适应企业岗位需求的能力。

本教材在内容编写方面，以学生学习为中心，从基础知识着手，首先，训练学生的手工编程能力，通过基础编程指令的应用练习，帮助学生理解数控系统运行原理。其次，在完成基础指令练习之后，通过各种典型工件的专题训练，着重培养学生工艺分析能力与加工精度控制能力。同时为了进一步提升学生技能水平，专题训练内容中还增加了中级工训练项目和中职数控车技能竞赛项目，以检验学生的学习水平。最后，简要介绍了CAXA数控车编程软件的应用，让学生学会用软件进行自动编程，从而提升学生的综合能力。

本书由许昌科技学校王世猛老师、王群老师、祝辛梅老师、黄金来老师与北京数码大方科技股份有限公司黄绍格工程师共同编写。在本书编写过程中得到了相关企业工作人员和学校教师的帮助与支持，在此谨向他们表示诚挚的敬意和衷心的感谢。

本书可作为职业院校加工制造类专业教材，也可作为相关行业岗位培训的教学资料及从事数控加工行业工程技术人员的参考书。

由于编者水平所限，书中不妥之处在所难免，敬请广大读者批评指正。

编　者

2021年9月16日

目　录

项目一 基础知识

任务一 安全教育

一、安全文明教育

安全生产是我们劳动者在生产劳动中的安全保障,它是我们的守护神! 安全生产还要以人为本,我们人类是生产劳动的主角,安全生产是保护我们自身生命及财产安全的,因此,我们必须要遵守安全生产的一切规范。

随着数控机床技术的发展,对技术人员的要求越来越高,尤其是对高素质操作管理技术人员不仅有技术水平方面的要求,还有生产中安全意识和场地管理的要求。因为生产中严格遵守安全操作规程和合理管理场地是保障人身和设备安全的需求,也是保证机床能够正常工作、达到技术性能、充分发挥其加工优势的需要。

数控机床自动化程度较高,为了充分发挥机床的优越性,安全生产是现代企业管理的一项十分重要的内容。数控加工是一种先进的加工方法,它与通用机床加工相比较,有很多优势。因此,提高生产率、管好、用好、修好数控机床,显得尤为重要,操作者除了掌握数控机床的性能,精心操作以外,还必须养成文明生产的良好工作习惯和严谨工作作风,具有较好的职业素质、责任心和良好的合作精神。

在开始实训课程训练活动之前,首先进行安全检查:

(1)检查着装是否合格(图 1–1–1)。

(2)检查工具、量具摆放是否安全合理(图 1–1–2)。

（a）着装不合格

（b）着装合格

图 1-1-1　服装检查

（a）工具不能放置在机床上

（b）工具不能放置在旋转主轴上

（c）工具不能和量具堆在一起

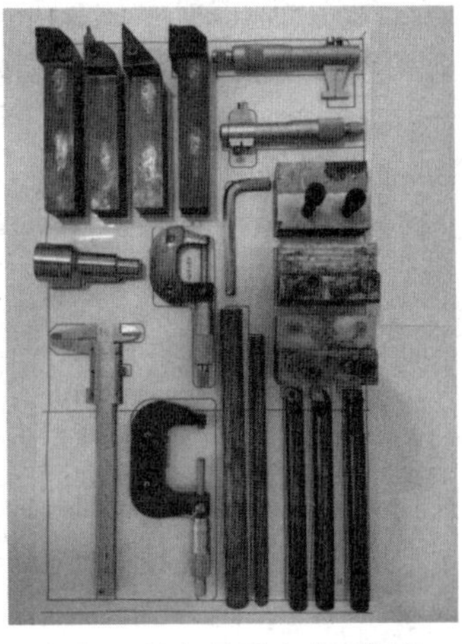

（d）工具和量具应分开摆放

图 1-1-2　工量具检查

(3)检查机床卫生是否清理(图 1-1-3)。

(a) 铁屑未清理

(b) 铁屑清理

图 1-1-3　机床卫生检查

(4)检查物品是否按 6S 管理要求放置(图 1-1-4)。

(a) 刀具与工件分类摆放

(b) 量具和工具接放整齐

(c) 场地卫生清理干净

图 1-1-4　物品摆放检查

二、实训课程规范

(1)实训课前须穿好训练服装,戴好工作帽和其他防护品,提前进入实训场地上课,并做好上课准备工作。

(2)教师讲课时,专心听讲,做好笔记,不讲话,不玩手机,不睡觉,不做与上课无关的事情;提问要举手,经教师同意后方可发问;上课中因故要出课室应举手示意,得到教师的允许方可离开课室。

(3)教师操作示范时,认真观察,不拥挤,不喧哗,更不得乱动设备。

(4)为了正确合理地使用数控车床,减少其故障的发生率,经指导老师同意方可操作机床。学生按分配工位进行实习,不串岗,更不能私自开启设备。

(5)严格遵守安全操作规程,防止发生人为事故。如果发生事故,应立即关闭机床,采取相应措施防止事故扩大,保护现场并报告实习指导教师。

(6)严格实习课题要求,保质保量按时完成实习任务,不断提高操作水平。

(7)爱护公共财物,节电、节水、节约材料。

(8)保持工作场所整洁。下课前要清扫场地、保养设备,清理工具材料,关闭电源,经教师检查后方可离开。

(9)下课时,经教师同意后方可离开实训场地。

三、安全操作规程

1. 工作前

(1)检查润滑系统储油部位的油量应符合规定,封闭良好。油标、油窗、油杯、油嘴、油线、油毡、油管和分油器等应齐全完好,安装正确。按润滑指示图表规定作人工加油,查看油窗是否来油。

(2)必须束紧服装、套袖、戴好工作帽、防护眼镜,工作时应检查各手柄位置的正确性,应使变换手柄保持在定位位置上,严禁戴围巾、穿裙子、凉鞋、高跟鞋上岗操作。工作时严禁戴手套。

(3)检查机床、导轨以及各主要滑动面,如果有障碍物、工具、铁屑、杂质等,则必须清理、擦拭干净、上油。

(4)检查工作台、导轨及主要滑动面有无新的拉、研、碰伤,如果有,应通知指导教师一起查看,并做好记录。

(5)检查安全防护、制动(止动)和换向等装置是否齐全完好。

(6)检查操作手柄、阀门、开关等是否处于非工作的位置上,是否灵活、准确、可靠。

(7)检查刀架是否处于非工作位置。检查刀具及刀片是否松动,检查操作面板是否有异常。

(8)检查电器配电箱是否关闭牢靠,电气接地是否良好。

(9)机床工作开始前要有预热,应当非常熟悉急停按钮的位置,以便在任何需要时无须寻找就能按到它。

(10)未经老师允许不得接通电源、操作机床和仪器。

2. 工作中

(1)坚守岗位,精心操作,不做与工作无关的事。因事离开机床时要停车,关闭电源。

(2)按工艺规定进行加工。不准任意加大进刀量、切削速度。不准超规范、超负荷、超重量使用机床。

(3)刀具、工件应装夹正确、紧固牢靠。装卸时不得碰伤机床。找正工件不准用重锤敲打。不准用加长扳手柄增加力矩的方法紧固刀具、工件。

(4)不准在机床主轴锥孔、尾座套筒锥孔及其他工具安装孔内,安装与其锥度或孔径不符、表面有刻痕或不清洁的顶针、刀具、刀套等。

(5)传动及进给机构的机械变速、刀具与工件的装夹、调正以及工件的工序间的人工测量等均应在切削刀具、工件停车后进行。

(6)切削刀具未离开工件时,不准停车。

(7)不准擅自拆卸机床上的安全防护装置,缺少安全防护装置的机床不准工作。

(8)机床上特别是导轨面,不准直接放置工具、工件及其他杂物。

(9)经常清除机床上的铁屑、油污,保持导轨面、滑动面、转动面、定位基准面清洁。

(10)密切注意机床运转情况,润滑情况,如果发现动作失灵、振动、发热、爬行、噪声、异味、碰伤等异常现象,应立即停车检查,排除故障后,方可继续工作。

(11)用卡盘夹紧工件及部件时,必须将扳手取下后,方可开车。

(12)在工作中加工钢件时,冷却液要倾注在构成铁屑的地方,使用锉刀时,应右手在前,左手在后,锉刀一定要安装手把。

(13)机床在加工偏心工件时,要加均衡铁,将配重螺丝上紧,并用手扳动二三周,明确无障碍时,方可开车。

(14)刀具安装好后应进行一、二次试切削。检查卡盘夹紧工作的状态,保证工件卡紧。

(15)工作中严禁用手清理铁屑,一定要用清理铁屑的专用工具,对切削下来的带状切屑、螺旋状长切屑,应用钩子及时清除,以免发生事故。

(16)机床开动前必须关好机床防护门。机床开动时不得随意打开防护门。

(17)用顶尖装夹工件时,顶尖与中心孔应完全一致,不能用破损或歪斜的顶尖,使用前应将顶尖和中心孔擦净。后尾座顶尖要顶牢。

(18)刀具装夹要牢靠,刀头伸出部分不要超出刀体高度1.5倍,垫片的形状尺寸应与刀体形状尺寸相一致,垫片应尽可能地少而平。

(19)操作者在工作中不许离开工作岗位,如需离开,无论时间长短,都应停车,以免发生事故。

(20)对加工的首件要进行动作检查和防止刀具干涉的检查。

(21)自动运行前,确认刀具补偿值和工件原点的设定。确认操作面板上进给轴的速度及其倍率开关状态。切削加工要在各轴与主轴的扭矩和功率范围内使用。

(22)装卸及测量工件时,把刀具移到安全位置,主轴停转;要确认工件在卡紧状态下加工。

(23)使用快速进给时,应注意工作台面情况,以免发生事故。

(24)运行程序前要先对刀,确定工件坐标系原点。对刀后立即修改机床零点偏置参数,以防程序不正确运行。

(25)在手动方式下操作机床,要防止主轴和刀具与机床或夹具相撞。操作机床面板时,只允许单人操作,其他人不得触摸按键。

(26)自动加工中出现紧急情况时,立即按下复位或急停按钮。当显示屏出现报警号,要先查明报警原因,采取相应措施,取消报警后,再进行操作。

3. 工作后

(1)将机械操作手柄、阀门、开关等扳到非工作位置上。

(2)停止机床运转,切断电源、气源。

(3)清除铁屑,清扫工作现场,认真擦净机床。导轨面、转动及滑动面、定位基准面、工作台面等处加油保养。严禁使用带有铁屑的脏棉纱揩擦机床,以免拉伤机床导轨面。不允许采用压缩空气清洗机床、电气柜及 NC 单元。

(4)认真将工作中发现的机床问题,填到实训设备记录本上,并上报指导教师。

课后思考:

(1)遵守安全操作规程和场地管理要求能给生产带来什么好处?

(2)安全管理对一个企业起着什么作用?

任务二 认识数控车床

自从 1952 年第一台数控机床问世,它就成为世界机械工业史上一件划时代的事件,并推动了机械自动化的发展进程,同时大大提高了生产效率和产品质量。目前数控机床已广泛应用在机械加工的所有领域,也是我们需认识和掌握的一门技术。

一、数控车床的概念

随着科学技术和社会生产的迅速发展,机械产品日趋复杂,并且对于机械产品的质量和生产率的要求越来越高。在航天、造船和计算机等工业中,零件的精度高、形状复杂、批量小、改动频率高、加工困难,而传统的机械加工方法生产率低、劳动强度大,产品质量难以得到保证。因此,机械加工工艺过程自动化是适应上述发展特点的最重要手段之一。

为了解决上述问题,一种灵活、通用、高精度、高效率的“柔性”自动化生产设备——数控机床应运而生。目前,数控加工技术与数控机床在工业生产中得到了广泛应用,成为机床自动化的一个重要发展方向。

数控机床是指采用数字控制技术对机床的加工过程进行自动控制的机床,数控机床在结构上与普通机床有很大的不同。数控机床按用途进行分类,用于完成车削加工的数控机床称为数控车床。

数控车床主要用于加工各种轴类、套筒类和盘类零件上的回转表面。数控车床能对轴类或盘类等回转体零件自动地完成内外圆柱面、圆锥面、圆弧面和锥螺纹等工序的切削加工,并能进行切槽、钻、扩和铰等工作。它是目前国内使用极为广泛的一种数控机床，约占数控机床总数的25%。

数控车床加工零件的尺寸精度可达IT5～IT6，表面粗糙度可达1.6 μm以下。其工作流程如图1-2-1所示。

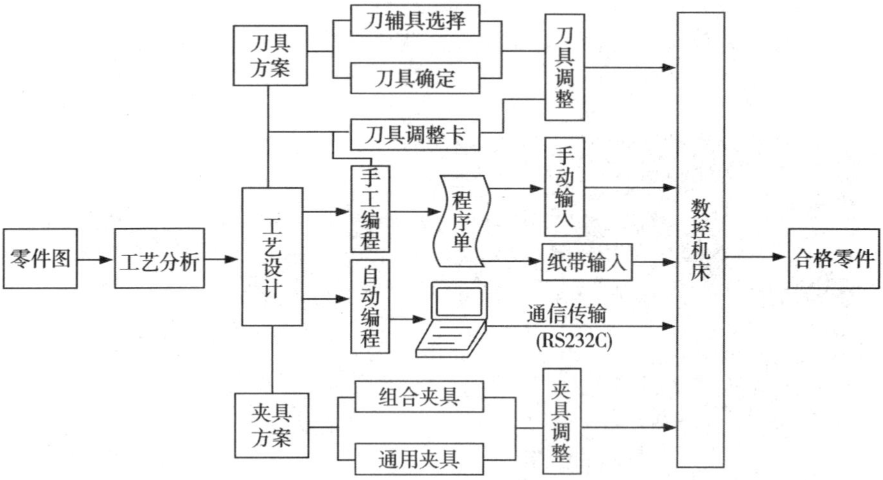

图1-2-1　数控车床工作流程

二、数控车床的分类

1. 按车床主轴位置分类

（1）卧式数控车床（图1-2-2）。其主轴轴线处于水平位置，它又可分为水平导轨卧式数控车床和倾斜导轨卧式数控车床（其倾斜导轨结构可以使车床具有更大的刚性，并易于排屑）。

（2）立式数控车床（图1-2-3）。其主轴轴线处于垂直位置，并有一个直径很大的圆形工作台，供装夹工件用。这类机床主要用于加工径向尺寸大、轴向尺寸较小的大型复杂零件。

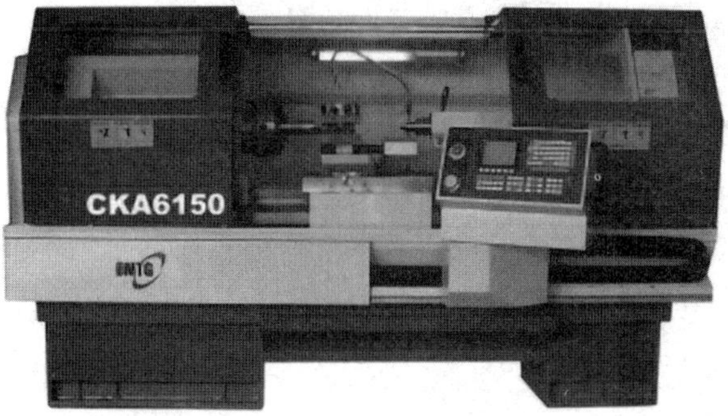

图1-2-2　卧式数控车床

图1-2-3　立式数控车床

2. 按功能分类

(1)经济型数控车床(图 1-2-4)。它一般采用步进电机驱动形成开环伺服系统,其控制部分采用单板机或单片机来实现。此类车床结构简单,价格低廉,无刀尖圆弧半径自动补偿和恒线速切削等功能。

(2)全功能型数控车床(图 1-2-5)。它一般采用闭环或半闭环控制系统,具有高刚度、高精度和高效率等特点。

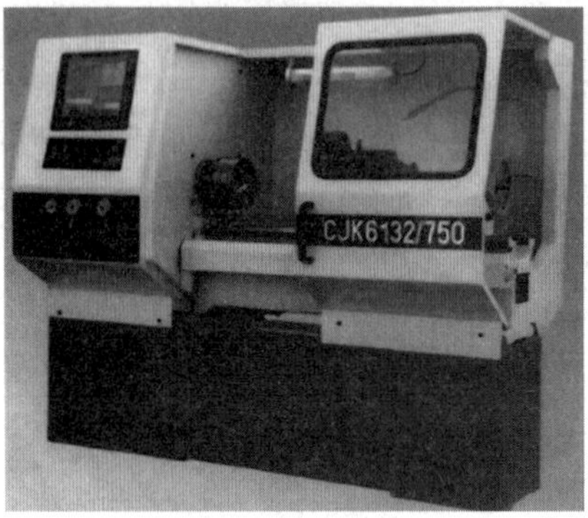

图 1-2-4 经济型数控车床

图 1-2-5 全功能型数控车床

(3)车削加工中心(图 1-2-6)。它是以全功能型数控车床为主体,并配置刀库、换刀装置、分度装置、铣削动力头和机械手等,实现多工序的复合加工的机床,在工件一次装夹后,它可完成回转类零件的车、铣、钻、铰、攻螺纹等多种加工工序,其功能全面,但价格较高。

(4)FMC 车床(图 1-2-7)。它实际上是一个由数控车床、机器人等构成的柔性加工单元。它能实现工件搬运、装卸的自动化和加工调整准备的自动化。

图 1-2-6 车削加工中心

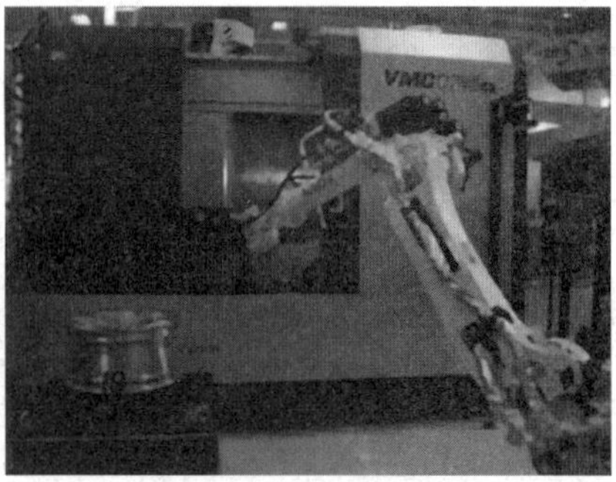

图 1-2-7 FMC 车床

三、数控车床的组成

数控车床主要由车床本体和数控装置两大部分组成。车床本体由床身、主轴、滑板、刀架、冷却装置等组成;数控装置由程序的输入/输出装置、数控系统、伺服驱动装置和伺服电动机等组成。

(1)床身(图 1-2-8):包括床身与床身底座。底座为整台机床的支撑与基础,所有的机床部件均安装于其上,主电动机与冷却箱置于床身右侧的底座内部。床身有两条导轨,用作床鞍及尾座纵向往复运动。数控车床的床身结构和导轨有多种形式,有平床身、斜床身、立床身、平床身斜滑板等布局形式。

图 1-2-8 数控车床床身

(2)主轴箱(图 1-2-9):主轴箱用于固定机床主轴。主电动机通过 V 带直接把运动传给主轴。主轴通过同步齿形带与编码器相连,通过编码器测出主轴的实际转速,主轴调速直接通过变频电动机来完成。

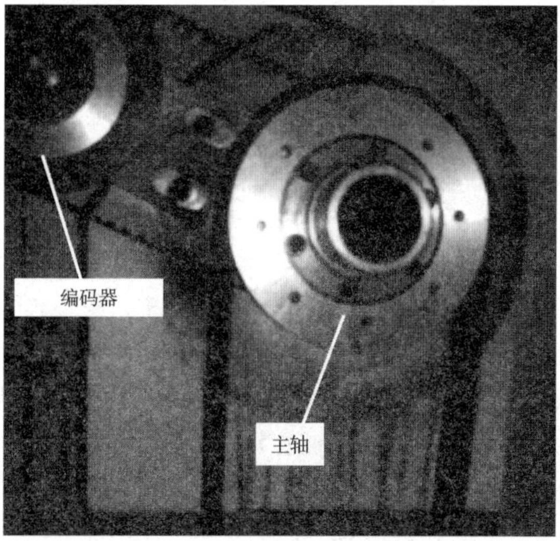

图 1-2-9 数控车床主轴箱

(3)刀架:刀架是数控车床非常重要的部件。数控车床根据其功能,刀架上可安装的刀具数量一般为 4 把、8 把、10 把、12 把或 16 把,有些数控车床可以安装更多的刀具。

刀架的结构形式一般为回转式(卧式),刀具沿圆周方向安装在刀架上,可以安装径向车刀、轴向车刀、钻头、镗刀。车削加工中心还可安装轴向铣刀、径向铣刀。也有部分数控车床的刀架为立式,如图 1-2-10 所示。

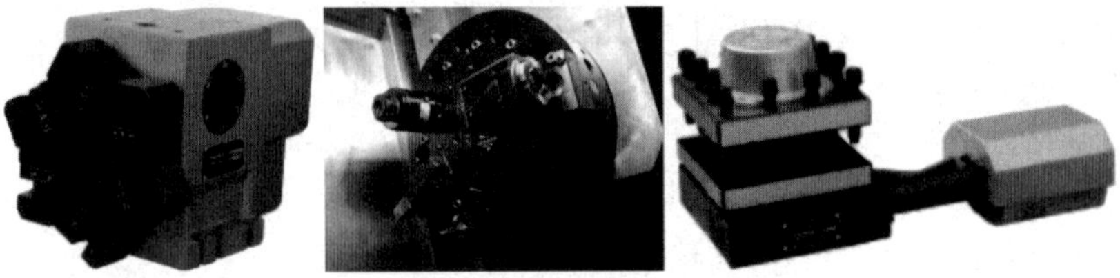

图 1-2-10　数控车床刀架

(4)数控装置(图 1-2-11):数控装置是数控机床的核心,其功能是完成所有加工数据的处理、计算工作,最终实现数控机床各功能的指挥工作。

工作过程:数控系统发出的信号经伺服驱动装置放大后,指挥伺服电动机进行工作。

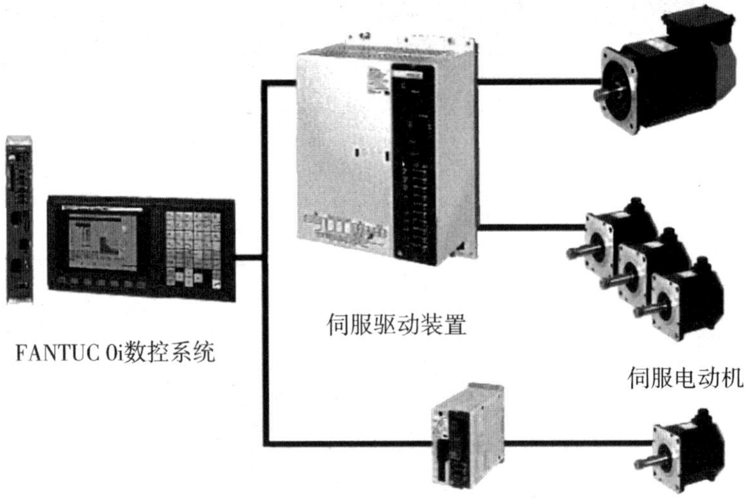

图 1-2-11　数控车床的数控装置

四、典型数控系统简介

1. FANUC 数控系统

FANUC 数控系统,中文名为发那科,是日本富士通公司旗下产品,是当代数控系统行业内综合实力第一的企业。企业总人员数逾 5 000 人,仅研发人员就占了 1/3。年销售额在 20 亿美元左右。全世界市场占有率达到了 50%,是较早进入中国市场的进口数控系统品牌。

2. SIEMENS 数控系统

西门子系统来自工业强国——德国,SIEMENS 公司是全球著名的电子电气工程领域的领先企业,也是一家有着 100 多年历史的老牌公司。由于有雄厚的技术积累,西门子公司研发的数控系统种类比较齐全,数控车床、数控磨床和数控加工中心等都有相应的专用数控系统。

3. 广州数控系统

广州数控设备有限公司(GSK)中国南方数控产业基地,国内技术领先的专业成套机床数控系统供应商。公司秉承科技创新,以核心技术为动力,以追求卓越品质为目标,以提高用户生产力为先导,主营业务有:数控系统、伺服驱动、伺服电机研发生产,数控机床连锁营销、机床数控化工程,工业机器人、精密数控注塑机研制,数控高技能人才培训。

4. 华中数控系统

武汉华中数控股份有限公司创立于1994年,是一家国有控股的高新技术企业、首批国家级创新型企业,是我国中高档数控系统以及主轴驱动系统研发和生产的龙头企业,是我国数控系统行业首家上市公司。公司现有员工700余人,其中,教授、高工等高级职称技术人员100余人,工程师等中级职称技术人员200余人,研发人员占比达33%。公司设有国家博士后科研工作站,集中了国内众多优秀的数控技术专家,自主研发生产的五轴联动高档数控系统,打破国外封锁限制。

五、数控车床的加工对象

适合数控车床加工的零件:①多品种、小批量生产的零件或新产品试制中的零件;②轮廓形状复杂的零件;③加工过程中必须进行多工序加工的零件;④用普通车床加工时,需要有昂贵的工艺装备的零件;⑤同一批加工零件的尺寸一致性必须严格控制,对加工精度要求高的零件;⑥工艺设计需多次改型的零件;⑦价格昂贵,加工中不允许报废的关键零件;⑧需要最短生产周期的零件。如图1-2-12所示。

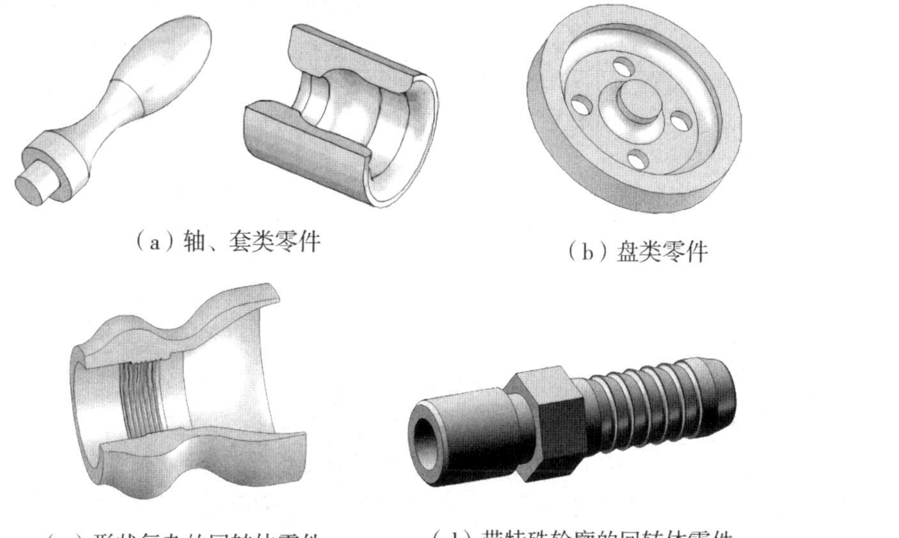

(a)轴、套类零件　(b)盘类零件

(c)形状复杂的回转体零件　(d)带特殊轮廓的回转体零件

图1-2-12　适合数控车削加工的零件

六、数控加工的特点

(1)加工精度高,产品质量稳定。数控机床是按数字形式给出的指令进行加工的。目前数控机床的脉冲当量普遍达到了0.001,而且进给传动链的反向间隙与丝杠螺距误差等均可由数控装置进行补偿,因此,数控机床能达到很高的加工精度。对于中、小型数控机床,其定位精度普遍可达0.03,重复定位精度为0.01。

(2)适应性强,适合加工单件或小批量复杂工件。数控机床上改变加工零件时,只须重新编制程序,输入新的程序就能实现对新的零件的加工,这就为复杂结构的单件、小批量生产以及试制新产品提供了极大的便利。对那些普通手工操作的普通机床很难加工或无法加工的精密复杂零件,数控机床也能实现自动加工。

(3)自动化程度高,劳动强度低。对零件的加工是按事先编好的程序自动完成的,操作者除了安放穿孔带或操作键盘、装卸工件、对关键工序的中间检测以及观察机床运行之外,不需要进行复杂的重复性手工操作。数控机床一般有较好的安全防护、自动排屑、自动冷却和自动润滑装置,操作者的劳动条件大为改善。

(4)生产效率高。数控机床主轴转速和进给量的变化范围大,故数控机床每一道工序都可选用最有利的切削用量。数控机床的结构刚性好,允许进行大切削量的强力切削,提高了切削效率,节省了机动时间。因为数控机床的移动部件的空行程运动速度快,所以工件的装夹时间、辅助时间比一般机床少。

(5)适合复杂零件的加工。数控机床更换被加工零件时几乎不需要重新调整机床,故节省了零件安装调整时间。数控机床加工质量稳定,一般只做首件检验和工序间关键尺寸的抽样检验,因此节省了停机检验时间。当在加工中心上进行加工时,一台机床实现了多道工序的连续加工,生产效率的提高更为明显。

(6)有利于制造和生产管理的现代化。①使用数控机床加工,可节省划线工时,减少调整、加工和检验时间,节省直接生产费用;②加工零件一般不需要制作专用夹具,节省了工艺装备费用;③数控加工精度稳定,减少了废品率,使生产成本进一步下降;④可实现一机多用,节省厂房面积,节省建厂投资。

任务三 数控车床维护与保养

一、维护保养的有关知识

1. 维护保养的意义

数控车床使用寿命的长短和故障的高低,不仅取决于车床的精度和性能,很大程度上也取决于它的正确使用和维护。正确的使用能防止设备非正常磨损,避免突发故障,精心的维护可使设备保持良好的技术状态,延缓劣化进程,及时发现和消除隐患于未然,从而保障安全运行,保证企业的经济效益,实现企业的经营目标。因此,车床的正确使用与精心维护是贯彻设备管理以防为主的重要环节。

2. 维护保养必备的基本知识

数控车床将机、电、液集于一身,具有技术密集和知识密集的特点,是一种自动化程度高、结构复杂且又昂贵的先进加工设备。因此,数控车床的维护人员不仅要有机械加工工艺及液压、气动方面的知识,也要具备电子计算机、自动控制、驱动及测量技术等知识,这样才能全面了解、掌握数控车床以及做好车床的维护保养工作。维护人员在维修前应详细阅读数控车床有关说明书，对数控车床有一个全面的了解，包括车床结构特点、数控的工作原理及框图，以及它们的电缆连接。

做好数控车床的日常维护和保养，降低数控车床的故障率，才能充分发挥数控车床的功效。一般情况下，数控车床的日常维护和保养是由操作人员来进行的。每台数控车床经过长时间使用后都会出现零部件的损坏，但是及时开展有效的预防性维护，可以延长元器件的工作寿命，延长机械部件的磨损周期，防止恶性事故的发生，延长车床的工作时间。

不同型号的数控车床的日常保养内容和要求不完全一样，具体维护保养要求在数控车床说明书中有明确规定。

二、数控车床常规维护检查

（一）每日检查要点

1. 接通电源前的检查

（1）检查机床的防护门、电柜门是否关闭。

（2）检查工具、量具等是否已准备好。

（3）检查切削槽内的切屑是否已清理干净。

（4）检查冷却液、液压油、润滑油的油量是否充足。

（5）检查所选择的液压卡盘的夹持方向是否正确。

2. 接通电源后的检查

（1）显示屏上是否有报警显示，若有问题应及时予以处理。

（2）检查操作面板上的指示灯是否正常，各按钮、开关是否处于正确位置。

（3）各控制箱的冷却风扇是否正常运转。

（4）刀具是否正确夹紧在刀架上，回转刀架是否可靠夹紧，刀具是否有损伤。

（5）若车床带有导套、夹簧，应确认其调整是否合适。

3. 车床运转后的检查

（1）有无异常现象。

（2）运转中，主轴、滑板处是否有异常噪声。

（二）月检查要点

（1）检查主轴的运转情况。主轴以最高转速一半左右的转速旋转 30 min，用手触摸壳体部分，若感觉温和即为正常。

（2）检查 X、Z 轴行程限位开关、各急停开关动作是否正常。可用手按压行程开关的滑动轮，若有超程报警显示，说明限位开关正常。同时清洁各接近开关。

（3）检查 X、Z 轴的滚珠丝杠。若有污垢，应清理干净，若表面干燥，应涂润滑脂。

（4）检查回转刀架的润滑状态是否良好。

（5）检查并清理冷却槽内的切屑。

（6）检查润滑装置，包括下面的内容：①检查润滑油管路是否损坏，管接头是否有松动、漏油现象；②检查润滑泵的排油量是否符合要求。

（三）六个月以上检查要点

(1)检查主轴：①检查主轴孔的振摆。将千分表探头伸入卡盘套筒的内壁，然后轻轻地将主轴旋转一周，指针的摆动量小于出厂时精度检查表的允许值即可；②检查编码盘用同步皮带的张力及磨损情况；③检查主轴传动皮带的张力及磨损情况。

(2)检查刀架。主要看换刀时其换位动作的连贯性，以刀架夹紧、松开时无冲击为好。

(3)检查各插头、插座、电缆、各继电器的触点是否接触良好；检查各印刷电路板是否干净；检查主电源变压器、各电机的绝缘电阻(应在 1 MΩ 以上)。

(4)检查润滑泵装置浮子开关的动作状况。可用润滑泵装置抽出润滑油，看浮子落至警戒线以下时，是否有报警指示以判断浮子开关的好坏。

(5)检查断电后保存车床参数、工作程序用后备电池的电压值，视情况予以更换。

具体见表 1-3-1。

表 1-3-1 数控车床定期维护表

序号	检查周期	检查部位	检查要求
1	每天	导轨润滑油箱	检查油标，油量，及时添加润滑油，润滑泵能定时启动打油及停止
2	每天	X、Z 轴向导轨面	清除切屑及脏物，检查润滑油是否充分，导轨面有无划伤损坏
3	每天	压缩空气气源力	检查气动控制系统压力，应在正常范围
4	每天	气源自动分水滤气器	及时清理分水器中滤出的水分，保证自动工作正常
5	每天	气液转换器和增压器油面	发现油面不够时及时补足油
6	每天	气液转换器和增压器油面	工作正常，油量充足并调节温度范围
7	每天	机床液压系统	油箱、液压泵无异常噪声，压力指示正常，管路及各接头无泄漏，工作油面高度正常
8	每天	CNC 的输入/输出单元	面板整洁，灯光指示正常，按键功能正常
9	每天	各种电气柜散热通风装置	各电柜冷却风扇工作正常，风道过滤网无堵塞
10	每天	各种防护装置	导轨、机床防护罩等应无松动，漏水
11	每半年	滚珠丝杠	清洗丝杠上旧的润滑脂，涂上新油脂
12	每半年	液压油路	清洗溢流阀、减压阀、滤油器、油箱底，更换或过滤液压油
13	每半年	主轴润滑恒温油箱	清洗过滤器，更换润滑脂
14	每年	检查并更换直流伺服电动机碳刷	检查换向器表面，吹净碳粉，去除毛刺，更换长度过短的电刷，并经跑合后才能使用

续表 1-3-1

序号	检查周期	检查部位	检查要求
15	每年	润滑液压泵,滤油器清洗	清理润滑油池底,更换滤油器
16	不定期	检查各轴导轨上镶条、压滚轮松紧状态	按车床说明书调整
17	不定期	冷却水箱	检查液面高度,冷却液太脏时需要更换并清理水箱底部,经常清洗过滤器
18	不定期	排屑器	经常清理切屑,检查有无卡住等
19	不定期	清理废油池	及时清除滤油池中废油,以免外溢
20	不定期	调整主轴驱动带松紧	按车床说明书调整

三、数控车床的润滑和冷却

机床运动的时时刻刻所有的部位都应润滑,以保证机床良好的保养和长期的使用寿命。操作人员应熟悉机床需要润滑的部位、润滑方式、润滑时间和润滑材料。定时、定期对机床的油路进行检查,确保油路的畅通及供油器件正常工作。工作中应当制定严格的规章制度,定时定期安排专职人员加油,建立岗位责任制。

1. 床头箱润滑

床头箱依靠齿轮和传动轴使油飞溅起来润滑,油通过回油系统在箱内流动。要更换床头箱的润滑油可卸下位于床头箱下部的放油塞。

2. 导轨及丝杠润滑

大小丝杠的润滑为油脂润滑。利用手动油泵可同时润滑床身导轨和横向滑板,每天操作车床前应将手动油泵按动数次。

车床工作过程可根据情况用手动油泵打油润滑,还应经常检查油泵油箱的油量。

3. 其他部位的润滑

立式四工位刀架和尾架上有注油孔,要定时加油。大、小丝杠的推力轴承和步进电机减速箱以及滑移门等的滚动轴承均采用脂润滑。

在检修车床时可根据情况更换或补充润滑脂。车床使用的润滑油、润滑脂必须是清洁的。

4. 冷却系统

车床冷却系统由冷却泵和喷水软管组成。冷却泵装在水箱里。车床尾部床脚即为水箱。喷水软管可任意转动,使冷却效果最佳。冷却液经泵抽起后通过喷水软管喷向切削点,然后经过承屑盘中的过滤网流回水箱。

四、数控系统的日常维护

数控系统使用一定时间之后,某些元器件或机械部件总要损坏。数控系统进行日常维护的目的是为了延长元器件的寿命和零部件的磨损周期,防止各种故障,特别是恶性事故的发生,延长整台数控系统的使用寿命。

1. 机床电气柜的散热通风

通常安装于电柜门上的热交换器或轴流风扇,能对电控柜的内外进行空气循环,促使电控柜内的发热装置或元器件,如驱动装置等进行散热。应定期检查控制柜上的热交换器或轴流风扇的工作状况,风道是否堵塞,否则会引起柜内温度过高而使系统不能可靠运行,甚至引起过热报警。

2. 尽量少开电气控制柜门

加工车间飘浮的灰尘、油雾和金属粉末落在电气柜上容易造成元器件间绝缘电阻下降,从而出现故障。因此,除了定期维护和维修外,平时应尽量少开电气控制柜门。

3. 支持电池的定期更换

数控系统存储参数用的存储器采用 CMOS(互补型金属氧化物半导体)器件,其存储的内容在数控系统断电期间靠支持电池供电保持。在一般情况下,即使电池尚未消耗完,也应每年更换一次,以确保系统能正常工作。电池的更换应在 CNC(计算机数字控制机床)系统通电状态下进行。

4. 备用印制线路板的定期通电

对于已经购置的备用印制线路板,应定期装到 CNC 系统上通电运行。实践证明,印制线路板长期不用易出故障。

5. 数控系统长期不用时的保养

数控系统处于长期闲置的情况下,要经常给系统通电,在机床锁住不动的情况下,让系统空运行。系统通电可利用电器元件本身的发热来驱散电气柜内的潮气,保证电器元件性能的稳定可靠。实践证明,在空气湿度较大的地区,经常通电是降低故障的一个有效措施。

五、数控系统中硬件控制部分的检查调整

数控系统中硬件控制部分包括数控单元模块、电源模块、伺服放大器、主轴放大器、人机通讯单元、操作单元面板、显示器等部分。

每年让有经验的维修电工检查一次。检测有关的参考电压是否在规定范围内,如电源模块的各路输出电压、数控单元参考电压等,若不正常应按要求调整;检查系统内各电器元件连接是否松动;检查各功能模块使用风扇运转是否正确并清除灰尘;检查伺服放大器和主轴放大器使用的外接式再生放电单元的连接是否可靠,清除灰尘;检测各功能模块使用的存储器后备电池的电压是否正常,一般应根据厂家的要求定期更换。

对于长期停用的机床,应每月开机运行 4 h,这样可以延长数控机床的使用寿命。

六、机械部分的检查调试

数控车床的机械传动系统是指将电机的旋转运动变为刀架溜板的直线运动的整个机械传动链及附属机构,包括齿轮减速装置、滚珠丝杠副、导轨及刀架溜板等。

数控车床是机电一体化设备,其精度、刚度、热稳定性等要求比普通车床高得多。为了保证整机的正常工作,机械本体的维护保养也要引起足够的重视。

1. 日常维护保养

操作者在每班加工结束后，应清扫干净散落于工作台、导轨护罩等处的切屑；在工作时注意检查排屑器是否正常，以免造成切屑堆积，损坏防护罩，危及滚珠丝杠与导轨的寿命；在工作结束前，应将各伺服轴移离原点约 30 cm 后停机。

2. 机床各运动轴传动链的检查调整

维修工每年应对数控车床各运动轴的传动链进行一次检查调整。主要检查导轨镶块的间隙；滚珠丝杠的预紧是否合适；联轴器各锁紧螺钉是否松动；同步齿形带是否松动或磨损；齿轮传动间隙是否需要调整；检查主轴箱平衡块的链条是否磨损，并进行润滑。

3. 各运动轴精度的检查调整

数控车床使用一段时间后，因物理磨损或机械变形，使其精度发生变化，因此有必要对其进行检查调整。维修人员每年应对数控车床的安装精度检测一次。如果精度超过机床允许值，应进行调整或使用数控车床的参数，对反向间隙、丝杠螺距误差进行补偿，直至精度符合要求，并做出详细记录，存档备查。

4. 减速撞块的检查调整

检查车床各运动轴返回参考原点的各减速撞块固定螺钉是否松动，如果松动，固定后，数控车床的对应点可能漂移，应对有关参数（如栅点排蔽量、栅点漂移量）进行调整，使原点恢复原位置。

七、数控车床开关机操作

（1）数控车床的开机步骤如下：①检查机床；②开启数控车床的供电空气开关；③开启数控车床的总电源开关；④检查车床各冷却风扇是否正常，检查润滑油泵是否工作正常；⑤开启数控系统电源开关；⑥数控系统自检后，进入开机界面或待机状态；⑦旋开急停开关。

（2）数控车床的关机操作如下：①清理车床上的切屑，卸下工件和刀具；②给导轨进行充分润滑；③将溜板移动到床鞍的上部；④按下急停按钮，关闭数控系统电源；⑤关闭车床总电源开关；⑥关闭车床空气开关。

任务四 数控车床编程基础知识

一、数控编程的定义

数控机床是按照事先编制好的加工程序，自动地对被加工零件进行加工。为了使数控机床能根据零件加工的要求进行动作，必须将零件的加工工艺路线、工艺参数、刀具的运动轨迹、位移量、切削参数（主轴转数、进给量、背吃刀量等）以及辅助功能（换刀、主轴正转、反转、切削液开关等）等要求以机床数控系统能识别的指令形式告知数控系统，这种数控系统可以识别的指令称为程序，制作程序的过程称为数控编程。

数控编程的主要内容有：分析零件图样，确定加工工艺过程，数值计算，编写零件加工程序,制作控制介质,校对程序及首件试切。

数控编程的方法可以分为手工编程和自动编程两类。

(1)手工编程。手工编程是指所有编制加工程序的全过程(图1-4-1),即分析图样、工艺处理、数值计算、编写程序单、制作控制介质、程序校验都是由手工来完成的。一般对几何形状不太复杂的零件,所需的加工程序不长,计算比较简单,用手工编程比较合适。手工编程的特点:耗费时间较长,容易出现错误,无法胜任复杂形状零件的编程。手工编程比较及时简单,在点定位及由直线与圆弧组成的轮廓加工中,手工编程仍广泛使用。

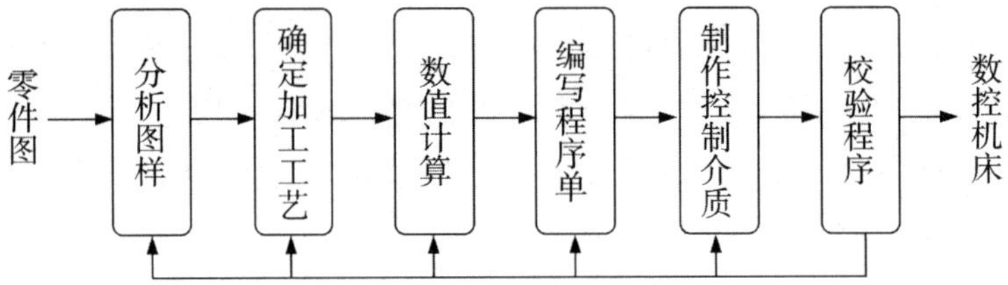

图1-4-1 数控加工工作流程

(2)自动编程。自动编程是指在编程过程中,除了分析零件图样和制订工艺方案由人工进行外,其余工作均由计算机辅助完成,采用计算机自动编程时,数学处理、编写程序、检验程序等工作是由计算机自动完成的,可解决许多复杂零件的编程难题,常用的辅助编程软件有 Mastercam、UG、CAXA 数控车等软件。

数控车床编程特点:

(1)在一个程序段中,根据图样上标注的尺寸可以采用绝对值编程或增量值编程,也可以采用混合编程。

(2)被加工零件的径向尺寸在图样上测量时,一般用直径值表示,所以采用直径尺寸编程更为方便。

(3)由于车削加工常用棒料作为毛坯,加工余量较大,为简化编程,常采用不同形式的固定循环。

(4)编程时,认为车刀刀尖是一个点,而实际上为了提高刀具寿命和工件表面质量,车刀刀尖常磨成一个半径不大的圆弧。为提高工件的加工精度,编制圆头刀程序时,需要对刀具半径进行补偿。使用刀具半径补偿后,编程时可直接按工件轮廓尺寸编程。

(5)为了提高加工效率,车削加工的进刀与退刀都采用快速运动。进刀时,尽量接近工件切削开始点,切削开始点的确定以不碰撞工件为原则。

二、数控车床的机床坐标系

为了保证数控机床的正确运动,避免工作的不一致性,简化编程和便于培训编程人员,国际标准化组织(International Organization for Standardization,ISO)和我国都统一了数控机床坐标轴的代码及其运动的正、负方向,这给数控系统和机床的设计、使用和维修带来了极大的方便。

（1）机床坐标系的定义。为了确定机床的运动方向和移动距离，就要在机床上建立一个坐标系，这个坐标系称为机床坐标系，又称为标准坐标系。

（2）机床坐标系中的规定。

1）确定机床坐标系的方向时，永远假定刀具相对于静止的工件而运动。

2）对于机床坐标系的方向，统一规定增大工件与刀具间距离的方向为正方向。

3）数控机床的坐标系采用符合右手定则规定的笛卡尔坐标系（图 1-4-2），且笛卡尔坐标系对应的是数控车床后置刀架。

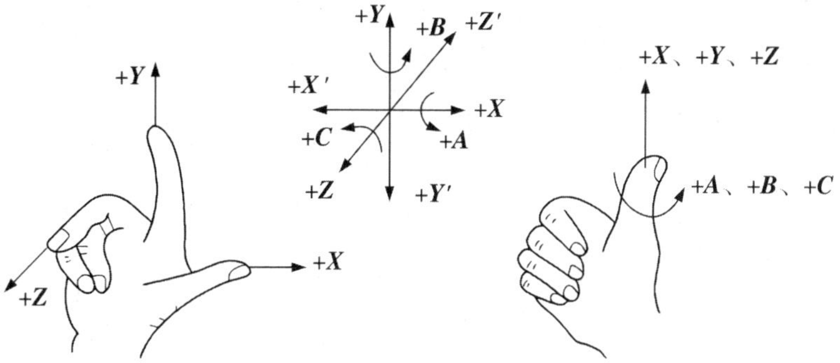

图 1-4-2　笛卡尔坐标系右手定则

（3）机床坐标系的方向（图 1-4-3）。

1）*Z* 坐标方向：沿着主轴的方向为 *Z* 坐标方向。

2）*X* 坐标方向：*X* 坐标方向一般为水平方向并垂直于 *Z* 轴。

3）*Y* 坐标方向：*Y* 坐标方向垂直于 *X*、*Z* 坐标轴。

4）旋转轴方向：旋转坐标 *A*、*B*、*C* 对应表示其轴线分别平行于 *X*、*Y*、*Z* 坐标轴的旋转坐标。

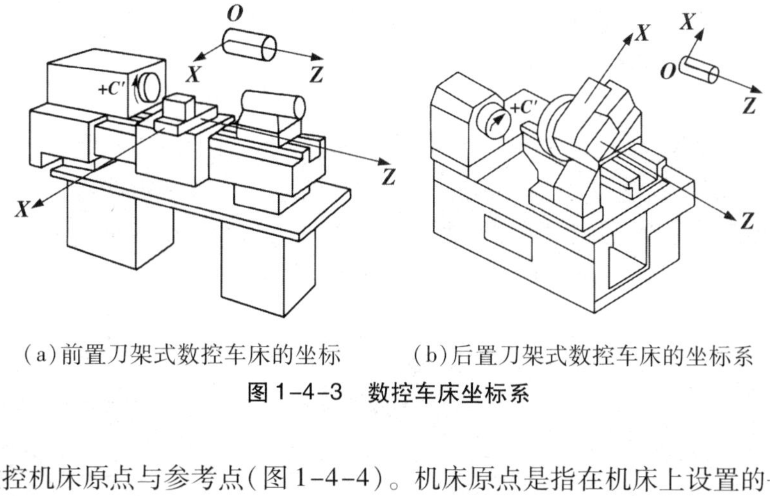

（a）前置刀架式数控车床的坐标　（b）后置刀架式数控车床的坐标系

图 1-4-3　数控车床坐标系

（4）数控机床原点与参考点（图 1-4-4）。机床原点是指在机床上设置的一个固定的点，即机床坐标系的原点。它在机床装配、调试时就已确定下来了，是数控机床进行加工运动的基准参考点。在数控车床上，一般取在卡盘端面与主轴中心线的交点处。

机床参考点可以与机床原点重合,也可以不重合(车床中一般不重合),通常位于车床溜板箱正向移动的极限位置。

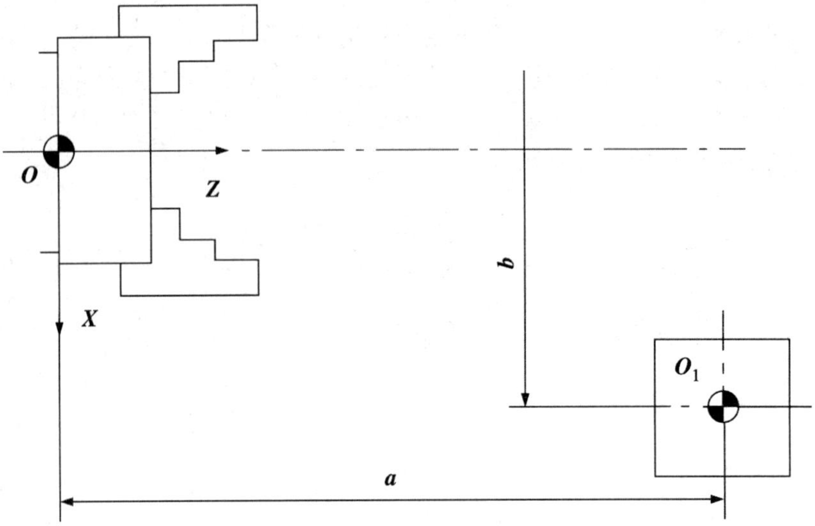

O—机床原点;O_1—机床参考点

图 1-4-4　机床原点与参考点

三、数控车床的编程坐标系

1. 编程坐标系定义

编程坐标系是编程人员在编程过程中使用的,由编程人员以工件图样上的某一固定点为原点所建立的坐标系,又称为工件坐标系或工作坐标系,编程尺寸都按工件的尺寸确定。

由于零件在图样上的标注及实际测量多为直径,所以数控车床上一般采用直径编程。在编程中,X 值为零件的直径值。

2. 编程原点

编程原点是指根据加工零件图样选定的编制零件程序的原点,即编程坐标系的原点(图 1-4-5)。零件被装夹好后,需要通过对刀找到相应的编程原点在机床原点坐标系中的位置。在加工过程中,数控机床是按照工件装夹好后的编程原点及程序要求进行自动加工的。

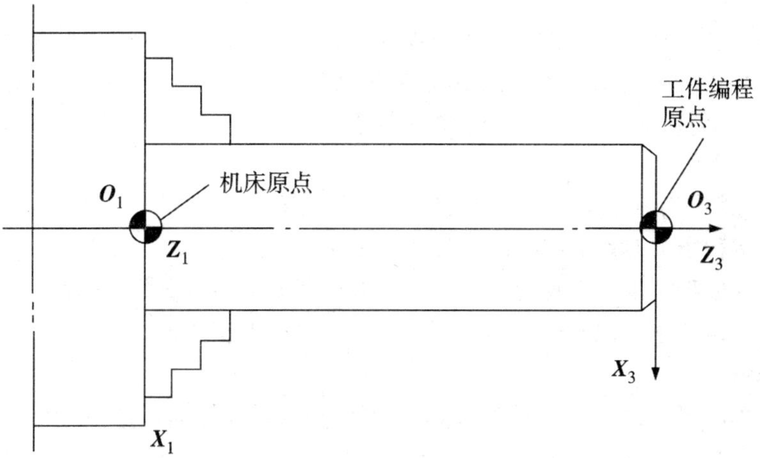

图 1-4-5　工件编程原点与机床原点

四、绝对位置和增量位置编程

（一）绝对位置编程

绝对位置编程是使用绝对坐标来确定目标点的位置。

刀具（或机床）运动位置的坐标值是相对于固定的坐标原点给出的，即称为绝对坐标，该坐标系称为绝对坐标系。如图 1-4-6 所示，目标点②的绝对坐标为：$X=100$ mm（直径量），$Z=60$ mm。

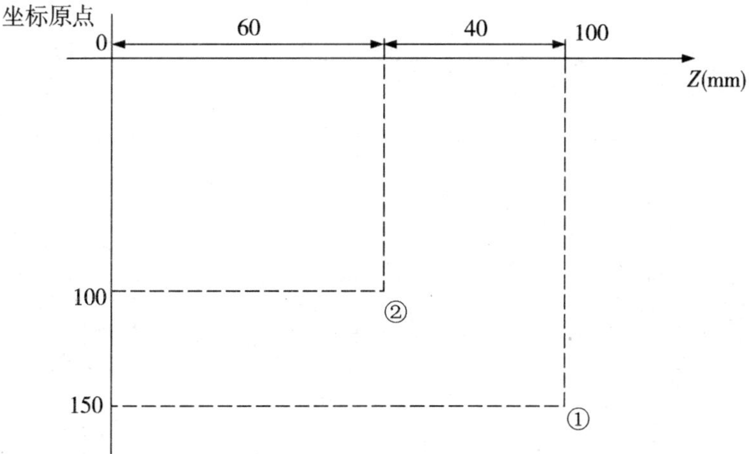

图 1-4-6　坐标点位置

（二）增量位置编程

增量位置编程即参考上一次的位置，用相对上一次编程的增量值来确定下一点的位置。该坐标值就是参考的增量式坐标。

刀具(或机床)运动位置的坐标值是相对于前一位置,而不是相对于固定的坐标原点给出的,称为增量坐标系统。数控车床常使用代码表中的第二坐标 U、W 表示。U、W 分别与 X、Z 平行且同向。如图 1-4-6 所示,参考点①的绝对坐标为:$X=150$ mm(直径量),$Z=100$ mm

目标点②相对①点的增量坐标为:$U=-50$ mm,$W=-40$ mm

如增量编程指令 G00 U-50 W-40,可直接移动刀具至编程目标点。

增量坐标编程在加工中具有灵活调整参考点而无须平移坐标系的特点。

增量坐标值的正负规定为:相对于参考点,向坐标系正方向增大为正,向坐标系负方向减少则为负。

在同一程序段中,可同时采用绝对坐标编程和增量坐标编程,例如图 1-4-6,可混合编程: G00 X100 W-40。根据图纸尺寸灵活使用混合编程可以简化坐标计算,又能取得良好的精度,但注意不能同时出现[X、U],[Z、W]。

五、编程坐标练习

1. 例题(如图 1-4-7 所示),根据图形坐标点,写出坐标字母点的数值。

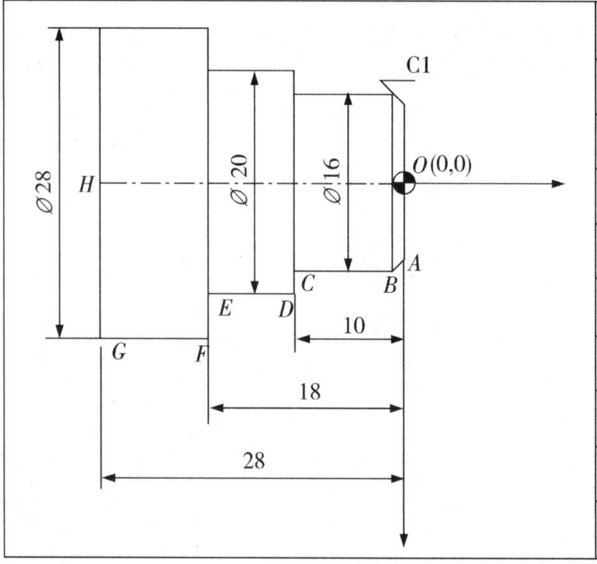

以O点为编程零点		
	X坐标	Z坐标
A	14	0
B	16	-1
C	16	-10
D	20	-10
E	20	-18
F	28	-18
G	28	-28
H	0	-28

图 1-4-7 例题 1

2. 练习，如图 1-4-8、图 1-4-9 所示，填写坐标值。

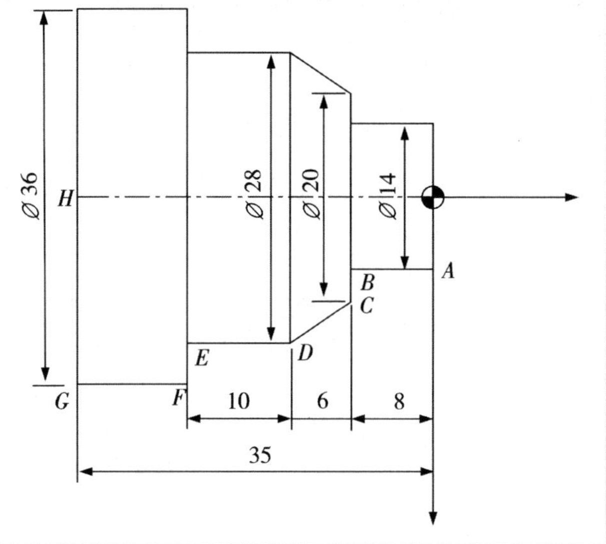

以工件右端面中心为编程零点		
	X坐标	Z坐标
A		
B		
C		
D		
E		
F		
G		
H		

图 1-4-8　练习题 1

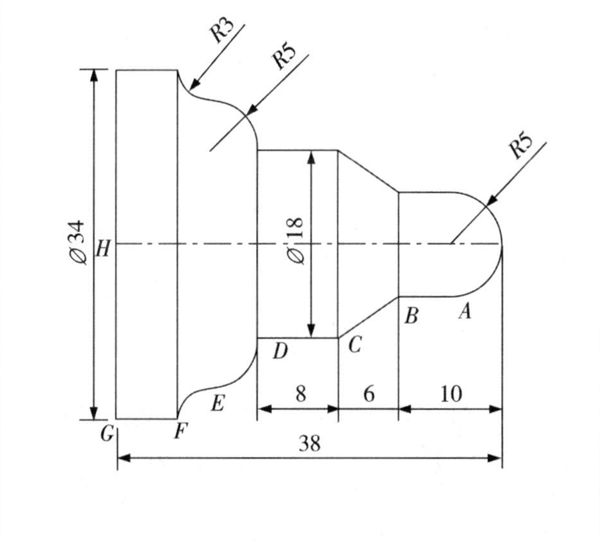

以工件右端面中心为编程零点		
	X坐标	Z坐标
A		
B		
C		
D		
E		
F		
G		
H		

图 1-4-9　练习题 2

任务五 数控车床程序组成

一、程序的格式与组成结构

编程人员必须严格按照机床说明书的规定格式进行编程。一个完整的程序由程序号、程序内容和程序结束三部分组成,如图 1-5-1 所示。

O0001;	程序号
N10 G99 G40 G21; N20 T0101; N30 M03 S800; N40 G00 X100.0 Z100.0; …… N200 G00 X100.0 Z100.0;	程序内容
N210 M30;	程序结束

图 1-5-1 程序的组成

(1)程序号。每一个存储在系统存储器中的程序都需要指定一个程序号以相互区别,这种用于区别零件加工程序的代号称为程序号。

程序号即为程序的开始部分,为了区别存储器中的程序,每个程序都要有程序编号,在编号前采用程序编号地址符。

FANUC 系统一般采用英文字母 O 作为程序编号地址符,而其他系统有的采用 P、% 及":"等。

程序号是由字母 O 和四位数字(不能全为 0)组成,应单独占一行,例 O0001、O3602、O6231,四位数字可以从 0001 ~ 9999 中选择。书写时,其数字前面的零可以省略不写,如 O0058 可写成 O58。

(2)程序内容。程序内容是整个加工程序的核心,它由许多程序段组成,每个程序段由一个或多个指令构成,它表示数控机床中除程序结束外的全部动作。

(3)程序结束。程序结束部分由程序结束指令构成,必须写在程序的最后,表示加工程序的结束。为了保证最后程序段的正常执行,通常要求单独占用一行。例如,一般程序结束要有 M02(程序结束)或 M30(程序结束并返回起点)来结束整个程序,子程序用 M99(子程序结束)结束。

二、程序段的基本格式和组成

1. 程序段的基本格式

零件的加工程序由若干个程序段组成。程序段格式是指一个程序段中字、字符、数据的书写规则，目前使用最多的是“字-地址”程序段格式。

字是程序字的简称，在这里它是机床数字控制的专门术语。它的定义是：一套有规定次序的字符，可以作为一个信息单元存储、传递和操作，如 X160 就是一个“字”。一个字所含的字符个数叫作字长。常规加工程序中的字都是由一个英文字母与随后的若干位十进制数字组成。这个英文字母称为地址符。地址符与后续数字间可加正、负号。

字-地址程序段格式由程序段号字、数据字和程序段结束组成。各字后有地址，字的排列顺序要求不严格，数据的位数可多可少，不需要的字以及与上一程序段相同的续效字可以不写。

例 N50 G01 X30.0 Z30.0 F100 S800 T01 M03；

2. 程序段的组成

(1)程序段顺序号。它也叫程序段号或程序段序号。顺序号位于程序段之首，它的地址符是 N，后续数字一般 2 ~4 位。顺序号可以用在主程序、子程序和宏程序中。

首先顺序号可用于对程序的校对和检索修改。其次在加工轨迹图的几何节点处标上相应程序段的顺序号，就可直观地检查程序。顺序号还可作为条件转向的目标，更重要的是，标注了程序段号的程序可以进行程序段的复归操作，这是指操作可以回到程序的(运行)中断处重新开始，或加工从程序的中途开始的操作。

数字部分应为正整数。顺序号的数字可以不连续，也不一定按照从小到大顺序排列。一般都将第一程序段冠以 N10，以后以间隔 10 递增的方法设置顺序号，这样在调试程序时如需要在 N10 和 N20 之间加入两个程序段，就可以用 N11、N12。

(2)程序段内容。程序段的中间部分是程序段的内容，程序内容应具备六个基本要素：准备功能字、尺寸功能字、进给功能字、辅助功能字、主轴功能字、刀具功能字。如图 1-5-2 所示。

N_	G_	X(U)_	Z(W)_	F_	M_	S_	T_
程序段顺序号	准备功能	X轴移动指令	Z轴移动指令	进给功能指令	辅助功能指令	主轴功能指令	刀具功能指令
N3	G01	X10.0	Z-5.0	F0.3	M03	S80	T0101

图 1-5-2 程序段内容示例

常用指令地址符含义见表 1-5-1。

表 1-5-1 常用指令地址符含义

功能	地址	含义
程序号	O	程序编号(名称)
程序段号	N	程序段号
准备功能	G	指令动作方式
尺寸字	X,Y,Z,U,V,W,A,B,C	坐标轴的移动
	R	圆弧半径,固定循环的参数
	I,J,K	圆弧终点坐标
进给功能	F	进给速度指定
辅助功能	M	机床开、关及相关控制
主轴功能	S	切削速度指定
刀具功能	T	刀具编号选择
暂停	P,X	暂停时间指定
程序号指定	P	子程序号指定
重复次数	L	子程序的重复次数
参数	P,Q,R,U,W,I,K,C,A	车削复合循环参数
倒角控制	C,R	自动倒角参数

(3)程序段结束。程序段以结束标记“CR(或 LF)”结束,实际使用时,常用符号“;”或“*”表示“CR(或 LF)”。

3. 程序的斜杠跳跃

有时,在程序段的前面有“/”符号,该符号称为斜杠跳跃符号,该程序段称为可跳跃程序段。例/N10 G00 X100.0;

三、常用术语及指令代码

1. 准备功能(G 功能)

准备功能字地址符是 G,所以又称 G 功能或 G 指令。它的定义是建立机床或控制系统工作方式的一种命令。准备功能字中的后续数字大多为两位正整数。随着数控机床功能的增加,G00 ~ G99 已不够用,所以有些数控系统的 G 功能字中的后续数字已经使用三位数。

G 功能分为模态与非模态两类:一个模态 G 功能被指令后,直到同组的另一个 G 功能被指令后才无效。非模态的 G 功能仅在其被指令的程序段中有效。

FANUC 系统常用准备功能指令见表 1-5-2。

表 1-5-2 FANUC 系统常用准备功能指令

G 指令	组别	功能	程序格式及说明
G00▲	01	快速点定位	G00 X__ Z__;
G01		直线插补	G01 X__ Z__ F__;
G02		顺时针方向圆弧插补	G02 X__ Z__ R__ F__; G02 X__ Z__ I__ K__ F__;
G03		逆时针方向圆弧插补	
G04	00	暂停	G04 X1.5;或 G04 U1.5; 或 G04 P1 500;
G17	16	选择 XY 平面	G17;
G18▲		选择 ZX 平面	G18;
G19		选择 YZ 平面	G19;
G20▲	06	英寸输入	G20;
G21		毫米输入	G21;
G27	00	返回参考点检测	G27 X__ Z__ ;
G28		返回参考点	G28 X__ Z__ ;
G30		返回第 2、3、4 参考点	G30 P3 X__ Z__; 或 G30 P4 X__ Z__;
G32	01	螺纹切削	G32 X__ Z__ F__;(F 为导程)
G34		变螺距螺纹切削	G34 X__ Z__ F__ K__;
G40▲	07	刀尖半径补偿取消	G40;
G41		刀尖半径左补偿	G41 G01 X__ Z__;
G42		刀尖半径右补偿	G42 G01 X__ Z__;
G50▲	00	坐标系设定或最高限速	G50 X__ Z__; G50 S__;
G52	14	局部坐标系设定	G52 X__ Z__;
G53		选择机床坐标系	G53 X__ Z__;
G54▲		选择工件坐标系 1	G54;
G55		选择工件坐标系 2	G55;
G56		选择工件坐标系 3	G56;
G57		选择工件坐标系 4	G57;
G58		选择工件坐标系 5	G58;
G59		选择工件坐标系 6	G59;
G65	00	宏程序非模态调用	G65P__L__<自变量指定>;

续表 1-5-2

G 指令	组别	功能	程序格式及说明
G66	12	宏程序模态调用	G66P_L_<自变量指定>;
G67▲		宏程序模态调用取消	G67;
G70	00	精车循环	G70 P_ Q_;
G71		粗车循环	G71 U_ R_; G71 P_ Q_ U_ W_ F_;
G72		平端面粗车循环	G72 W_ R_; G72 P_ Q_ U_ W_ F_;
G73		多重复合循环	G73 U_ W_ R_; G73 P_ Q_ U_ W_ F_;
G74		端面切槽循环	G74 R_; G74 X(U)_Z(W)_P_Q_R_F_;
G75		径向切槽循环	G75 R_; G75 X(U)_Z(W)_P_Q_R_F;
G76		螺纹复合循环	G76 P_Q_R_; G76 X(U)_Z(W)_R_P_Q_F_;
G90	01	内、外圆切削循环	G90 X_ Z_ F_; G90 X_ Z_ R_ F_;
G92		螺纹切削循环	G92 X_ Z_ F_; G92 X_ Z_ R_ F_;
G94		端面切削循环	G94 X_ Z_ F_; G94 X_ Z_ R_ F_;
G96	02	恒定线速度	G96 S200;(200 m/min)
G97▲		每分钟转数	G97 S800;(800 r/min)
G98	05	每分钟进给	G98 F100;(100 mm/min)
G99▲		每转进给	G99 F0.1;(0.1 mm/r)

2. 辅助功能(M 功能)

M 功能是辅助功能，主要实现开关量的控制，由地址码 M 和后面的两位数字组成。格式：M□□（从 M00～M99 共 100 种）。见表 1-5-3。

表 1-5-3　常用 M 指令及其功能

序号	代码	功能	序号	代码	功能
1	M00	程序暂停	7	M30	程序结束并返回起点
2	M01	程序选择停止	8	M08	冷却液开
3	M02	程序结束	9	M09	冷却液关
4	M03	主轴正转	10	M98	调用子程序
5	M04	主轴反转	11	M99	返回主程序
6	M05	主轴停转			

3. 主轴功能（S 功能）

S 功能是控制主轴转速，其后面的数值表示主轴速度，S 是模态指令，S 功能只有在主轴速度可调节有效，S 所编程的主轴转速可以借助机床控制面板上的主轴倍率开关进行调整。

（1）G50 S×××× 表示主轴最高转速限制。

（2）G96 S×××× 表示恒线速度切削，S 后面的数值为切削速度 v（m/min）。

例　G96 S150 指令表示控制主轴转速，使切削点的速度始终保持在 150 m/min。

（3）G97 S×××× 表示取消恒线速度切削，改为恒转速 n（r/min）。

（4）机床默认 G97 指令。

例　G97 S1000 指令表示主轴转速 1 000 r/min。

线速度 v 与转速 n 之间（图 1-5-3）可以相互换算：

$$v=\pi Dn/1\ 000$$

$$n=1\ 000v/\pi D$$

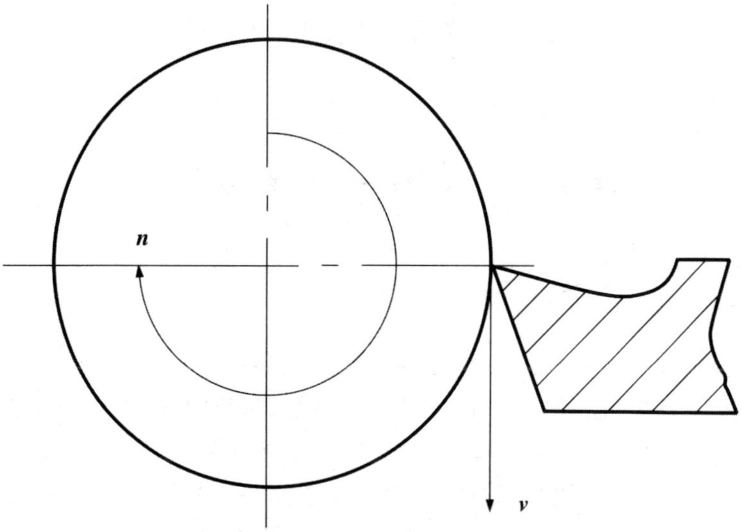

图 1-5-3　主轴转速与切削线速度

式中：v 表示切削线速度，m/min；D 表示刀具直径，mm；n 表示主轴转速，r/min。

4. 刀具功能（T 功能）

T 功能用于选刀，其后可以用四位数进行选择刀具号和刀补号。

如：T×××× 前两位数字表示刀具号，后两位数字表示刀补号。

5. 进给功能（F 功能）

进给功能也称 F 功能，F 指令表示工件被加工时刀具相对于工件的进给速度。F 的单位取决于 G98（每分钟进给量，单位为 mm/min）或 G99（每转进给量，单位为 mm/r）。每分钟进给量和每转进给量的转化：

$$V_f = fS$$

式中：V_f 表示每分钟进给量；f 表示每转进给量；S 表示主轴转速。

F 指令为模态指令，在工作时 F 值一直有效，直到被新的 F 值所取代，但 G00 快速定位时不指定 F 值，因为 G00 的速度由系统参数决定，与 F 值无关。

四、衡量程序的标准

编程人员必须在充分消化、理解、使用数控编程说明书的基础上，正确掌握并充分利用编程中的各种指令和编程辅助指令，并结合自己的编程实践，不断提高编程技巧，才能编制出比较好的程序，提高机械加工的能力和质量。衡量程序好坏的标准：设计质量高，加工效果好，通用性强，程序编制时间短。

（1）设计质量高。程序设计的思路应正确，程序内容应简单、清晰明了；占用存储器内存小；加工轨迹、切削参数选择合理。

（2）加工效果好。程序加工零件要达到图样要求，操作要简单，调试方便，加工效率能达到要求。

（3）通用性强。该程序除了加工某个零件外，还能对加工与其相似的其他零件有参考价值。提高成组零件编程能力。

（4）程序编制时间短。一个程序在编制和调试上所花费的时间不能太长，否则会耽误生产。

任务六 数控车床基本操作

一、数控车床操作面板

数控机床操作面板是数控机床的重要组成部件，是操作人员与数控机床（系统）进行交互的工具，操作人员可以通过它对数控机床（系统）进行操作、编程、调试，对机床参数进行设定和修改，还可以通过它了解、查询数控机床（系统）的运行状态，是数控机床特有的一个输入、输出部件。数控车床的类型和数控系统的种类很多，以及各生产厂家设计的操作面板也不尽相同，但操作面板中各种旋钮、按钮和键盘的基本功能与使用方法基本相同。如图 1-6-1 所示。

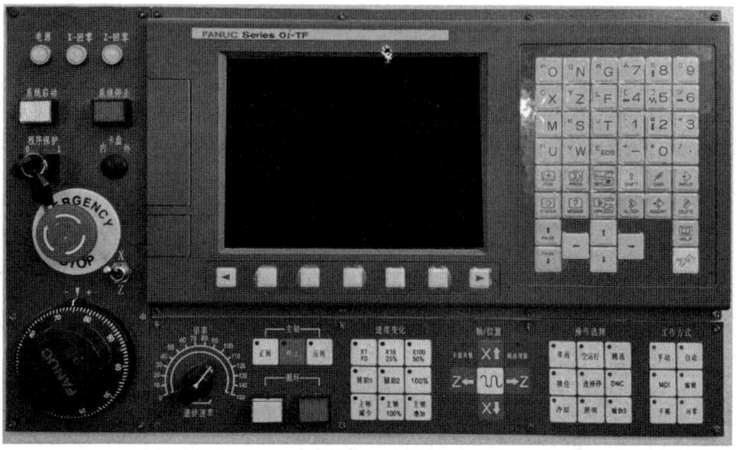

图 1-6-1　数控系统操作面板和机床控制面板

(一)数控车床系统控制面板

FANUC Series 0i Mate-TF 系统面板(图 1-6-2)分为两大区域:液晶显示屏区域和编辑面板(图 1-6-3)。

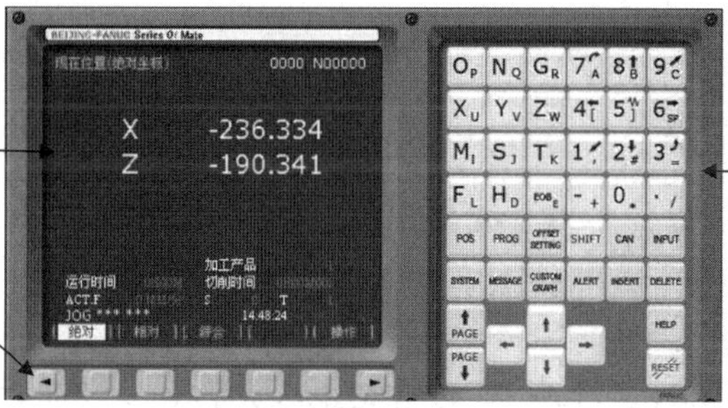

图 1-6-2　系统面板

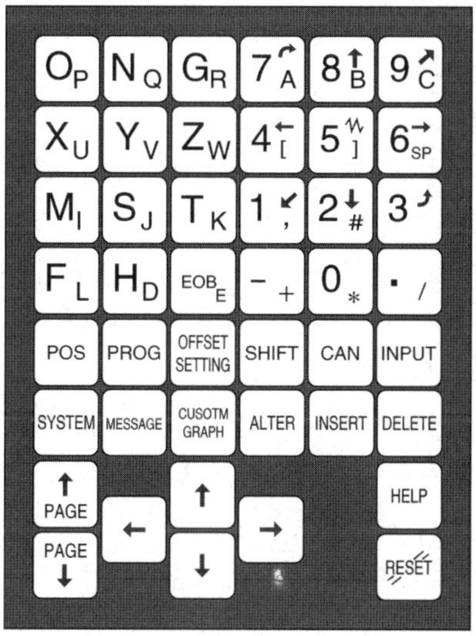

图 1-6-3　编辑面板

系统面板主要功能是在程序编辑与调试、对刀参数输入、机床当前加工状态的实时监控、机床维修参数修改等过程中实现人机对话。

EOB 结束键:用于每段程序编辑时的结束指令。

POS 位置键:显示各坐标轴的机床坐标、绝对坐标、增量坐标值以及程序执行中各坐标轴距指定。

PROG 程序键:在编辑方式下,可进行程序的编辑、修改、查找、删除等操作。

OFF/SET 刀具偏置键:结合其他键可进行工件坐标系统设置,并可进行刀尖半径、磨损补正操作。

SYSTEM 系统键:用于数控系统自我诊断相关数据和参数。

MESSAGE 信息键:显示系统的警示状态。

CUSOTM/GRAPH 图形显示键:结合相关按键,可在显示进行仿真加工、观察刀具运行轨迹,而机床则没有进行实际加工。

SHIFT 转换键:和地址键共用,可实现按键的字符之间的切换。

CAN 取消键:删除写入储存区的字符。

INPUT 输入键:用于参数或偏置值输入、启动 I/O 设备的输入,MDI 方式下的指令数据输入。

ALTER 替换键:修改程序中光标指定位置的地址和数据命令,或用新数据来替换原来的数据。

INSERT 插入键:在光标指定位置插入字符或数字。

DELETE 删除键:删除程序中光标指定位置的字符或数字(被删除后的语句不能复原,操作前应仔细确认是否要删除该内容)。

HELP 帮助键:机械装备的说明等功能。

RESET 复位键:当前状态解除、加工程序重新设置、机床紧急停止时可使用该键。

PAGE 翻页键:显示屏页面的切换控制键。

光标移动键:控制光标在显示屏中上下左右移动。

(二)数控车床机床控制面板

如图 1-6-4 所示。

控制面板的作用是操作数控车床,包括机床操作模式选择、主轴旋转方向选择、刀架移动及速率调节、主轴转速倍率调节等。

系统开:开启系统电源。

系统关:关闭系统电源。

程序保护开关:关闭、开启程序输入功能。

急停旋钮:当加工过程中发生危险或紧急情况下,机床需紧急停止,或者机床加工终止切断电源的时候使用该键(注意:在上电和关机之前都应按下急停旋钮,以减少电流对设备的冲击)。

手轮方式:可用手摇脉冲操作刀架沿 X、Z 方向作×1、×10、×100 三种微量移动(三种微量移动方式下,手轮每转动一格,刀架分别移动 1 μm,10 μm,100 μm)。

编辑方式:可输入、输出程序,也可对程序进行修改或删除。

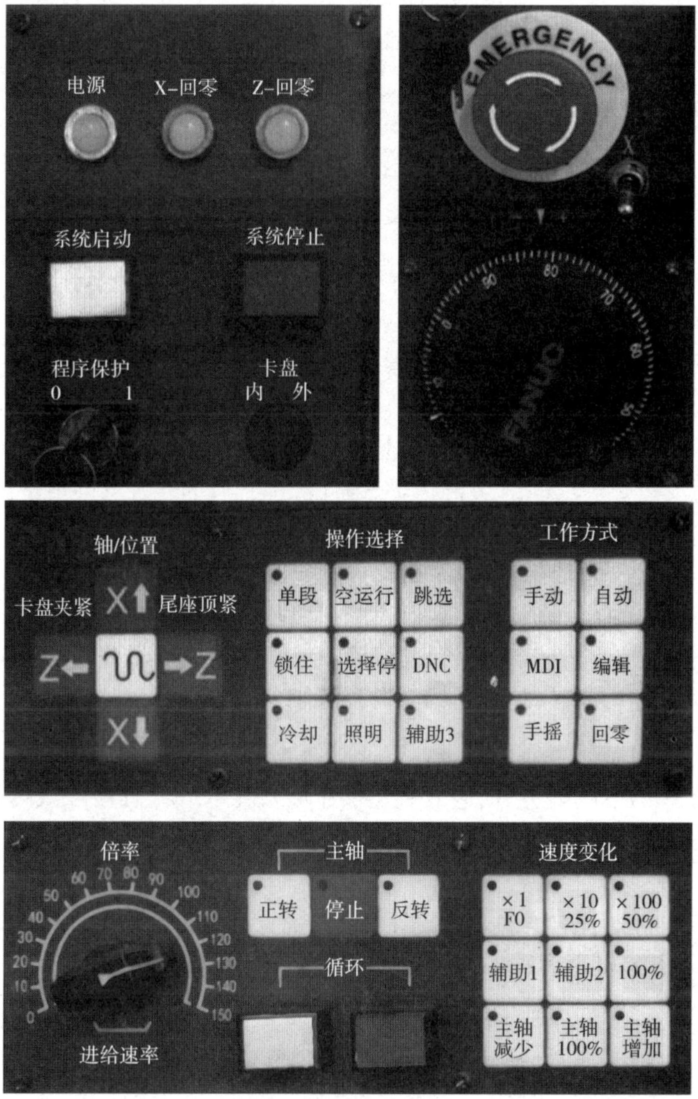

图 1-6-4　控制面板

MDI 方式：在 PROG 下输入程序，按循环启动后直接执行输入程序段，可输入 10 条指令（指令执行后不保存）。

自动加工方式：在 PROG 下调用要执行的程序编号，循环启动后对工件执行自动加工。

手动方式：结合刀架移动控制键可对刀架执行快、慢速移动等操作。

返回参考方式：手动返回参考点位置，建立机床坐标系。

单段执行：按下此键，在自动加工模式或 MDI 模式中程序单段运行。

程序跳步：如程序中使用了跳段符号“/”，按下该键，程序运行到有该符号标定的程序段，即跳过不执行该段程序，解除该键，则跳段功能无效。

机床锁住:按下该键后,机床的所有实际动作无效(不能手动、自动控制进给轴、主轴、冷却等实际动作),但指令运算有效,故可在此状态下模拟运行程序。

二、手动操作

(一)手动模式

将机床控制面板工作方式下的“手动”按键点亮,转至手动状态。

通过“轴/位置”下的 X、Z 方向按钮,控制刀架的正、负方向的移动。

(二)手轮模式

刀架的运动可以通过控制手轮来实现。

适用:微动、对刀、精确移动刀架等操作。

(1)将机床控制面板工作方式下的“手摇”按键点亮,转至手轮模式。

(2)移动速度由“速度变化”下的倍率按钮进行调节,选择合适的倍率。倍率挡:

“×1”——手轮每转动一格,刀架向所对应的方向移动 0.001 mm;

“×10”——手轮每转动一格,刀架向所对应的方向移动 0.01 mm;

“×100”——手轮每转动一格,刀架向所对应的方向移动 0.1 mm。

(3)旋转“手轮”,可精确控制刀架的移动方向和距离。顺时针转动手轮,刀架向坐标轴的正方向移动。逆时针转动手轮,刀架向坐标轴的负方向移动。

(三)MDI 模式

MDI 方式也叫数据输入方式,它具有从操作面板输入一个程序段或指令并执行该程序段或指令的功能。常用于启动主轴、换刀、对刀等操作。

操作步骤:

(1)将机床控制面板工作方式下的“MDI”按键点亮,进入 MDI 方式。在 MDI 键盘上按“PROG”键,进入编辑页面,输入程序。

(2)按“循环”下的白色程序启动按钮运行程序。用“RESET”可以清除输入的数据。

三、程序编辑

在编辑模式下,可以对程序进行编辑和修改。

1. 显示程序存储器的内容

(1)将机床控制面板工作方式下的“编辑”按键点亮,转至编辑模式。

(2)按“PROG”键显示程式(PROGRAM)画面。

(3)按【DIR】软键后屏幕显示程序存储器内容。如图 1-6-5 所示。

2. 输入新的加工程序

操作步骤如下:

(1)将机床控制面板工作方式下的“编辑”按键点亮,转至编辑模式。

(2)按“PROG”键显示程序(PROGRAM)画面。

(3)输入程序名 O2020,按“INSERT”键确认,建立一个新的程序号。然后即可输入程序的内容。

(4)每输入一个程序句后按“EOB”键表示语句结束,然后按“INSERT”键将该语句输入。输入结束,屏幕显示语句。

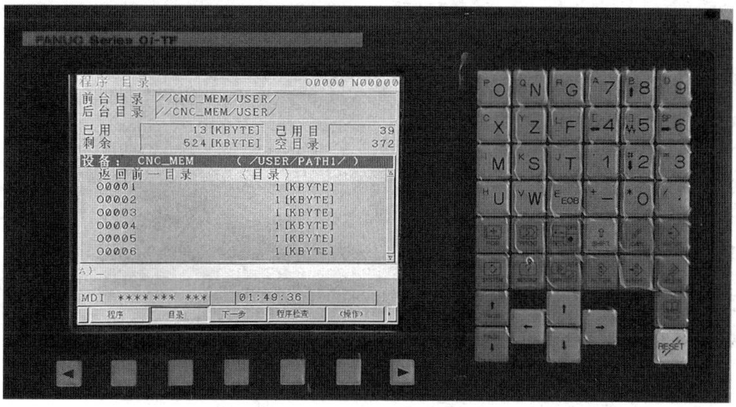

图 1-6-5　显示程序存储器内容

3. 编辑程序

(1)检索程序

1)将机床控制面板工作方式下的“编辑”按键点亮,转至编辑模式。

2)按“PROG”键显示程序(PROGRAM)画面。

3)输入要检索的程序号(例 O0100)。

4)按【O 检索】软键,即可调出所要检索程序。

(2)检索程序段(语句)

检索程序段需在已检索出程序的情况下进行。

1)输入要检索的程序段号,如 N6。

2)按【检索↓】软键,光标即移至所检索的程序段 N6 所在的位置。

(3)检索程序中的字

1)输入所需检索的字 Z-10.。

2)以光标当前的位置为准,向前面程序检索,按【检索↑】软键;向后面程序检索,按【检索↓】软键。光标移至所检索的字第一次出现的位置。

(4)字的修改

例如:将 Z-10.0 改为 Z1.0。

1)将光标移至 Z-10.0 位置(可用检索方法)。

2)输入要改变的字 Z1.0。

3)按“ALERT”键,Z1.0 将 Z-10.0 替换。

(5)删除字

例如:“N1G00X122.0Z1.0;”删除其中的 Z1.0。

1)将光标移至要删除的字 Z1.0 位置。

2)按“DELETE”键,Z1.0 被删除,光标自动向后移。

(6)删除程序段

例如:删除此程序段

O0100;

N10 M03 S300;

……

1)将光标移至要删除的程序段第一个字 N10 处。

2)按"EOB"键。

3)按"DELETE"键,即删除了整个程序段。

(7)插入字

例如:在程序段"G01 Z20.0;"中插入 X10.0 改为 G01 X10.0 Z20.0;。

1)将光标移动至要插入的字前一个字的位置(G01)处。

2)键入 X10.0。

3)按"INSERT"键,插入完成,程序段变为"G01 X10.0 Z20.0;"。

(8)删除程序

例如:删除程序号为 O0100 的程序。

1)将机床控制面板工作方式下的"编辑"按键点亮,转至编辑模式。

2)按"PROG"键选择显示程序画面。

3)输入要删除的程序号 O0100。

4)按"DELETE"键程序 O0100 被删除。

四、数控车床的安全功能操作

1. 急停按钮操作

机床在遇到紧急情况时,应立即按急停按钮,主轴和进给全部停止,机床被锁住,电机电源被切断。

2. 超程释放操作

解除过程如下:手动方式→同时按与超程方向相反的点动按钮或者用手摇脉冲发生器向相反方向转动,使机床脱离极限位置而回到工作区间→按复位键即可。

任务七　数控车削刀具

一、数控车削刀具基础知识

数控机床能正常加工,除了机床硬件、系统软件,还有最重要的工具就是数控刀具,数控刀具是机床用于加工生产切削的重要工具,切削工具包括刀片、磨具、刀杆、刀柄等。

车刀(图 1-7-1)是用于车削加工的、具有一个切削部分的刀具。车刀是切削加工中应用最广的刀具之一。车刀的工作部分就是产生和处理切屑的部分,包括刀刃(图 1-7-2)、使切屑断碎或卷拢的结构、排屑或容储切屑的空间、切削液的通道等结构要素。车刀的切削部分由主切削刃、副切削刃、前刀面、主后刀面和副后刀面、刀尖角组成。

随着数控机床在生产实际中的广泛应用,数控刀具的选用已经成为数控加工中的关键问题之一。因此,编程人员必须熟悉刀具的选择方法和切削用量的确定原则,从而保证零件的加工质量和加工效率,充分发挥数控机床的优点,提高企业的经济效益和生产水平。

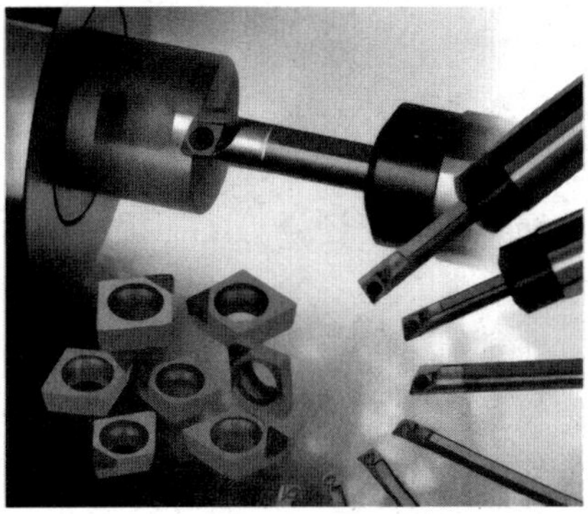

图 1-7-1 数控车刀

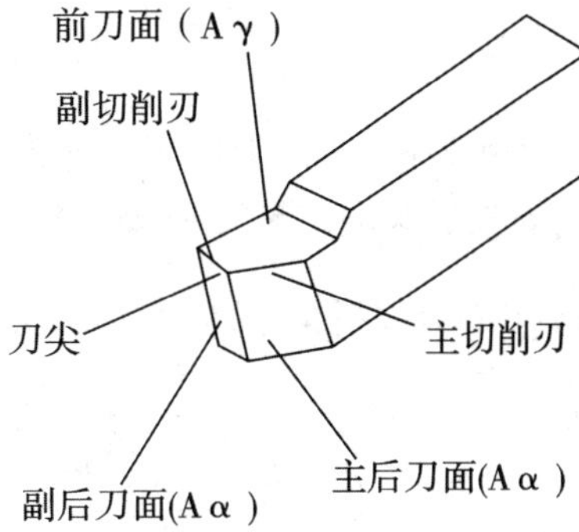

图 1-7-2 数控车刀刀刃结构

二、数控车削切削用量的选择

切削用量的选择实际上是切削三要素的选择,切削三要素是指背吃刀量(切削深度)a_p、进给量 f、切削速度 v。

粗车时,应尽量保证较高的金属切除率和刀具的耐用度。选择切削用量时,先选择尽可能大的背吃刀量 a_p,其次应根据机床的功率和刚性,选择尽可能大的进给量 f,最后根据刀具的耐用度要求,选择合适的切削速度 v。

精车时,应首先保证加工精度和表面粗糙度。选择切削用量时,应选用较小的背吃刀量和进给量,并选用性能高的刀具材料,以提高切削效率和质量。

1. 选择切削用量基本要求

(1)切削中要保证人身和设备安全,不能损坏机床和刀具。

(2)达到零件加工的尺寸精度和表面粗糙度要求。

(3)尽量发挥机床的切削功率和刀具的切削性能,选择大的切削用量,提高生产效率。

(4)不允许超机床功率切削和引起机床振动。

2. 切削用量的选择步骤

按照粗、精加工阶段,分别选择背吃刀量 a_p、进给量 f、切削速度 v。

(1)背吃刀量 a_p 的确定。零件上已加工表面与待加工表面之间的垂直距离称为背吃刀量。

背吃刀量是由机床、夹具、刀具和工件组成的工艺系统刚度来决定的。在工艺系统刚度允许的情况下,应以最少的进给次数切除加工余量,提高加工效率。当零件的加工精度要求较高时,需要保留 0.2 ~0.5 mm 的单边精车余量,以保证加工精度和表面粗糙度。

(2)进给量 f。进给量是切削加工中的一个重要参数。粗加工时,进给量在保证刀具、零件、车床刚度等条件允许的前提下,选用尽可能大的 f 值;精加工时进给量主要受表面粗糙度的限制，当表面粗糙度要求较高时，应选用较小的 f 值。

(3)切削速度 v。在保证刀具的耐用度及切削负荷不超过机床额定功率的情况下选定切削速度。粗加工时，切削深度和进给量均较大，故选较低的切削速度；精加工时，则选较高的切削速度。主轴转速要根据允许的切削速度来选择。

由切削速度计算主轴转速(r/min)的公式如下：

$$n=\frac{1\ 000v}{\pi D}$$

切削速度的影响：①切削速度提高 20%，刀具耐用度降低 1/2；切削速度提高 50%，刀具耐用度降低至原来的 1/5；②低速(20～40 m/min)切削易产生振动，刀具耐用度亦低。

三、数控车削刀具分类

车刀种类很多，按用途可分为外圆车刀、切槽车刀、螺纹车刀和内孔车刀，按结构又分为整体式、焊接式、机夹式和特殊式。

1. 按照用途分类

(1)外圆车刀：外圆车削是最广为人知、最常用的工艺之一，因此，对切屑控制、加工安全性和零件质量的要求都比较高。外圆车削的基本应用范围是纵向车削、仿形车削和端面车削，如图 1-7-3 所示。

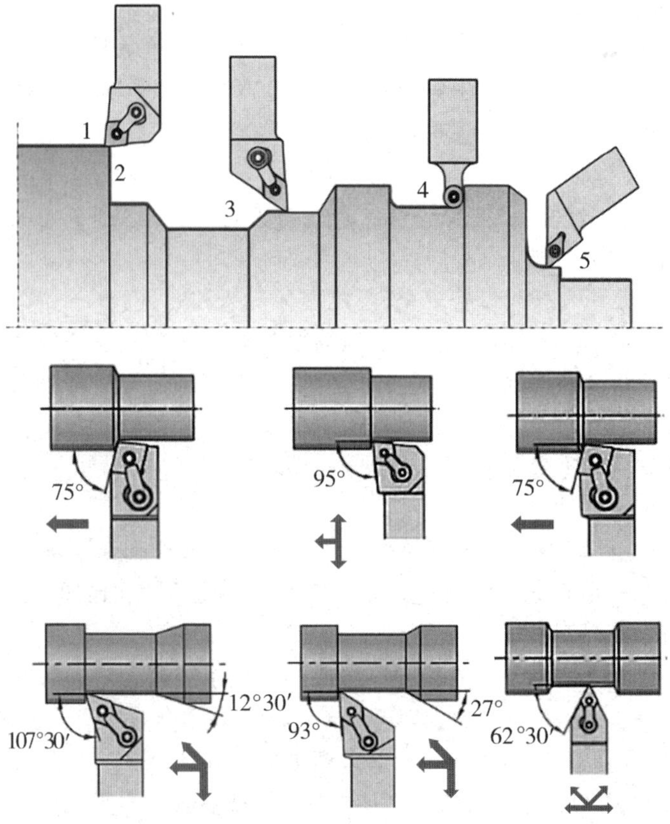

图 1-7-3　数控车削外圆车刀

(2)切槽车刀:切槽车刀主要有外切槽车刀、内切槽车刀、端面切槽车刀等类型,如图1-7-4所示。

图1-7-4　数控车削切槽车刀

在切断切槽中,加工安全性和生产效率是两个重要方面。切断时,选择正确的刀具并正确装夹能够避免许多问题,如飞边和毛刺、刀具破裂、堵屑、具有复杂槽的零件表面质量差、冷却液压力不正确、长悬伸和高水平的振动等问题。切槽刀主要是以横向进给为主,前端是主切削刃,两侧是两条副切削刃。为了减少工件材料的浪费,使刀具能切到工件的中心,切槽刀的主切削刃通常刃磨得比较窄,刀头较长,因此相对于其他刀具来说,强度及刚性较差。切槽刀主要用于切断工件、切槽,切断刀刀头的长度 h 要大于槽的深度 H。

(3)螺纹车刀:螺纹车刀主要有外螺纹车刀和内螺纹车刀两类,其中外螺纹车刀主要用于外螺纹加工,内螺纹车刀主要用于内螺纹加工,如图1-7-5所示。

图1-7-5　数控车削螺纹车刀

螺纹按牙形可以分为三角形、矩形、梯形、锯齿形等。加工螺纹时应根据螺纹形状、参数的不同,选用合适的刀具。

(4)内孔车刀:根据不同的加工情况,内孔车刀可分为通孔车刀和盲孔车刀两种。内孔车刀角度如图1-7-6所示。

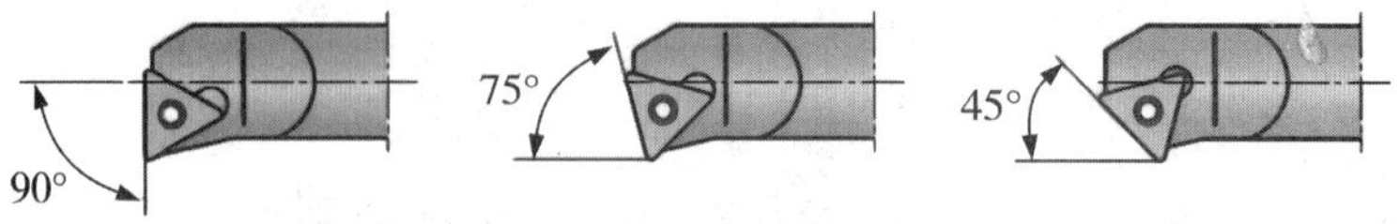

图1-7-6 数控车削内孔车刀角度

长悬伸和排屑差是内圆车削的其中两项挑战。长悬伸可能导致让刀和振动问题。振动和排屑不良可能导致刀片破裂或内表面质量差。内孔加工中刀具的选择在很大程度上受到零件孔直径和长度(孔深及悬伸)的限制。一般规则是选择悬伸最短和刀杆直径尽可能大的刀具,选择正确的工序、将刀具可靠夹紧等,这都能减小刀具偏斜和振动。

2. 按结构分类

按照车刀的切削部分和柄部(即装夹部分)的结合方式可以将车刀分为整体式、焊接式和机械夹固式。随着技术的发展目前也出现了一些特殊型式,如复合式刀具、减震式刀具等。

整体式:整体式结构是在刀体上做出切削刃,刀具整体由一个坯料制造而成,刀具刚度好,适用于小型车刀和加工有色金属车刀。

焊接式:焊接式结构是把刀片钎焊到钢的刀体上;采用焊接方法连接,分刀头与刀杆,结构紧凑,制造方便,适用于各类车刀,特别是小刀具较为突出。

机夹式:刀片用机械持固定在刀杆上,刀片用钝后可更换,是数控车床常用的刀具,刀杆重复利用。机械夹固式车刀可以避免硬质合金刀片在高温焊接时产生应力和裂纹,并且刀柄可多次使用。机械夹固式车刀一般是用螺钉和压板将刀片夹紧,装可转位刀片的机械夹固式车刀。刀刃用钝后可以转位继续使用,而且停车换刀时间短,因此应用较为普遍。

四、数控车削刀具材料

数控机床对刀具材料的要求有以下几点:

(1)较高的硬度和耐磨性。刀具切削部分的硬度必须高于工件材料的硬度,刀具材料的硬度越高,其耐磨性越好。刀具材料在常温下的硬度应在HRC62以上。

(2)足够的强度和韧性。刀具在切削过度中承受很大的压力,有时在冲击和振动条件下工作,要使刀具不崩刃和折断,刀具材料必须具有足够的强度和韧性,一般用抗弯强度表示刀具材料的强度,用冲击值表示刀具材料的韧性。

(3)较高的耐热性。耐热性指刀具材料在高温下保持硬度、耐磨性、强度及韧性的性能,是衡量刀具材料切削性能的主要指标,这种性能也称刀具材料红硬性。

(4)较好的导热性。刀具材料的导热系数越大,刀具传出的热量越多,有利于降低刀具的切削温度和提高刀具的耐用度。

(5)良好的工艺性。为便于刀具的加工制造,要求刀具材料具有良好的工艺性能,如刀具材料的锻造、轧制、焊接、切削加工和可磨削性、热处理特性及高温塑性变形性能,对于硬质合金和陶瓷刀具材料还要求有良好的烧结与压力成形的性能。

以下介绍部分数控车削刀具材料：

(1)高速钢。高速钢是一种加入较多的钨、钼、铬、钒等合金元素的高合金工具钢。有较高的热稳定性，较高的强度、韧性、硬度和耐磨性；其制造工艺简单，容易磨成锋利的切削刃，可锻造。高速钢是制造钻头、成形刀具、拉刀、齿轮等刀具的主要材料。

(2)硬质合金。硬质合金是由高硬度、难熔金属化合物粉末(如 WC、TiC、TaC、NbC 等高温碳化物)和金属黏结剂(Co、Mo、Ni 等)烧结而成的粉末冶金制品。由于硬质合金成分中含有大量熔点高、硬度高、化学稳定性好的碳化物，因此，硬质合金的硬度、耐磨性和耐热性都很高。硬质合金的常温硬度一般为 89～93HRA，相当于 78～82HRC，允许的切削温度高达 800～1 000 ℃，即使在 540 ℃时其硬度仍保持在 77～85HRA，相当于高速钢的常温硬度。因此，硬质合金的切削性能比高速钢高得多，在相同耐用度情况下，硬质合金允许的切削速度比高速钢高 4～10 倍，切削速度可达 100 m/min 以上，可以切削高速钢刀具切削不了的各类难加工材料，如淬硬钢。但由于其抗弯强度较低(为高速钢的 1/2～1/4)、冲击韧性[为高速钢的(1/8～1/30)]和工艺性差，因此，目前硬质合金材料主要用于刃形简单、无冲击性的非断续切削加工刀具制作中。

当硬质合金中碳化物含量较高时，硬度就高，但抗弯强度就相对较低；当粘结剂含量较高时，则抗弯强度较高，硬度较低。

(3)其他刀具材料特点如表 1-7-1 所示。

表 1-7-1　其他刀具材料特点

刀具材料种类	应用
涂层刀具材料 	保持了基体良好的韧性和较高的强度，又具有涂层的高硬度、高耐磨性和低摩擦系数。对于要求耐磨且锋利的切削刃以及加工黏软材料，推荐使用 PVD 涂层牌号。这种应用很普遍，包括所有整体硬质合金立铣刀和钻头，以及切槽、螺纹加工和铣削的大多数牌号。PVD 涂层牌号广泛用于精加工，并在钻削中用作重要刀具牌号。涂层硬质合金将硬质合金和涂层结合在一起。它们共同形成一种适用于其应用的特定牌号。涂层硬质合金牌号为众多刀具和应用的首选
陶瓷刀具材料 	陶瓷是主要用于高速精加工和半精加工的刀具材料之一。陶瓷刀具适用于切削加工各种铸铁(灰铸铁、球墨铸铁、可锻铸铁、冷硬铸铁、高合金耐磨铸铁)和钢材(碳素结构钢、合金结构钢、高强度钢、高锰钢、淬火钢等)，也可用来切削铜合金、石墨、工程塑料和复合材料。陶瓷刀具材料性能上存在着抗弯强度低、冲击韧性差问题，不适于在低速、冲击负荷下切削
立方氮化硼刀具材料 	立方氮化硼适于用来精加工各种淬火钢、硬铸铁、高温合金、硬质合金、表面喷涂材料等难切削材料。加工精度可达 IT5(孔为 IT6)，表面粗糙度值可小至 Ra=1.25～0.20 μm。立方氮化硼刀具材料韧性和抗弯强度较差。因此，立方氮化硼车刀不宜用于低速、冲击载荷大的粗加工；同时不适合切削塑性大的材料(如铝合金、铜合金、镍基合金和塑性大的钢等)，因为切削这些金属时会产生严重的积屑瘤，而使加工表面恶化

续表 1-7-1

刀具材料种类	应用
金刚石刀具材料 	人们利用高压合成技术合成了聚晶金刚石(PCD),解决了天然金刚石数量稀少、价格昂贵的问题。金刚石刀具具有硬度高、抗压强度高、导热性及耐磨性好等特性,可在高速切削中获得很高的加工精度和加工效率 目前,PCD 刀具的加工范围已从传统金属切削加工扩展到石材加工、木材加工、金属基复合材料、玻璃及工程陶瓷等材料的加工

五、数控车削刀具安装

以实训室数控车床的四工位刀架为例,进行刀具安装实训,装夹要求:

(1)车刀刀尖应与工件回转中心等高。刀尖对准工件中心高常用的方法有两种:①安装车刀时,使刀尖与尾座顶尖等高;②试切端面。

(2)车刀伸出刀架的长度要适当。车刀安装在刀架上,一般伸出刀架的长度为刀杆厚度的 1 ~1.5 倍,不宜过长,伸出过长会使刀杆刚性变差,切削时易产生振动。

(3)数控车床车刀垫铁要平整,数量愈少愈好,而且垫铁应与刀架对齐,以防产生振动。

(4)数控车床车刀至少要用两个螺钉压紧在刀架上,并轮流逐个拧紧,拧紧力量要适当。

(5)数控车床车刀刀杆中心线应与进给方向垂直,否则会使主偏角和副偏角的数值发生变化。

任务八 数控车床对刀操作与自动加工

对刀操作是数控加工过程中的重要步骤,这一步骤直接影响到产品质量。若对刀错误,有可能会发生生产事故,危及操作者和机床的安全,所以我们要正确、熟练掌握对刀方法。

一、对刀基础知识

在执行加工程序前,调整每把刀的刀位点,使其尽量重合于某一理想基准点,这一过程称为对刀。手动对刀的目的:建立工件坐标系及对刀架上安装的多把刀具进行刀具位置补偿,从而在程序执行中使各刀具的刀位点相对工件具有正确的运动轨迹。在数控车床的对刀操作中,目前普遍采用刀具几何偏移的方法进行对刀。绝大多数的数控车床采用手动对刀,其基本方法有以下几种(图 1-8-1)。

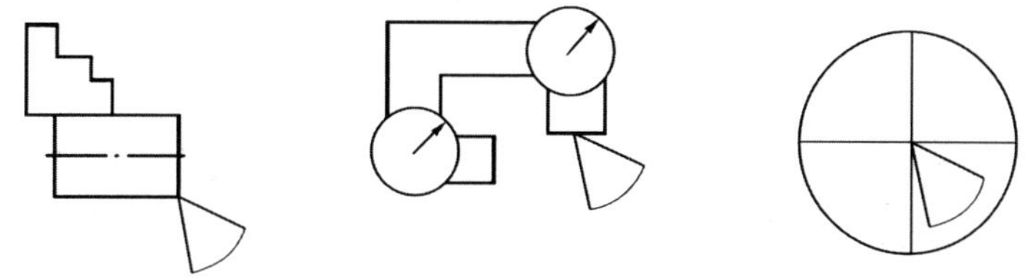

(a)试切对刀 (b)机械对刀仪对刀 (c)光学对刀仪对刀

图 1-8-1 数控车床对刀方法

(1)定位对刀法:定位对刀法的实质是按接触式设定基准重合原理而进行的一种粗定位对刀方法,其定位基准由预设的对刀基准点来体现。对刀时,只要将各号刀的刀位点调整至与对刀基准点重合即可。

该方法简便易行,因而得到较广泛的应用,但其对刀精度受到操者技术熟练程度的影响,一般情况下其精度都不高,还须在加工或试切中修正。

(2)光学对刀法:这是一种按非接触式设定基准重合原理而进行的对刀方法,其定位基准通常由光学显微镜(或投影放大镜)上的十字基准刻线交点来体现。这种对刀方法比定位对刀法的对刀精度高,并且不会损坏刀尖,是一种推广采用的方法。

(3)试切对刀法:在以上各种手动对刀方法中,均因可能受到手动和目测等多种误差的影响以至其对刀精度十分有限,往往需要通过试切对刀,以得到更加准确和可靠的结果。

1. 刀位点

刀位点是指在编制加工程序过程中,用以表示刀具特征的点,也是对刀和加工的基准点。常用刀位点如图 1-8-2 所示。

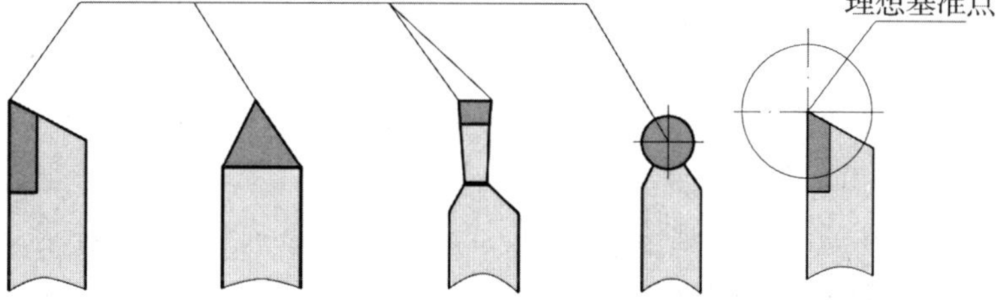

图 1-8-2 常用数控车刀刀位点

2. 刀尖半径

车削数控编程和对刀操作是以理想尖锐的车刀刀尖为基准进行的。为了提高刀具寿命和降低加工表面的粗糙度,实际加工中的车刀刀尖不是理想尖锐的,而总是有一个半径不大的圆弧,因此可能会产生加工误差。在进行数控车削的编程和加工过程中,必须对由于车刀刀尖圆角产生的误差进行补偿,才能加工出高精度的零件。

数控编程通常都假设车刀尖作为一个点(称为假想刀尖点)来考虑,但实际上刀尖处存在圆角,如图 1-8-3 所示。

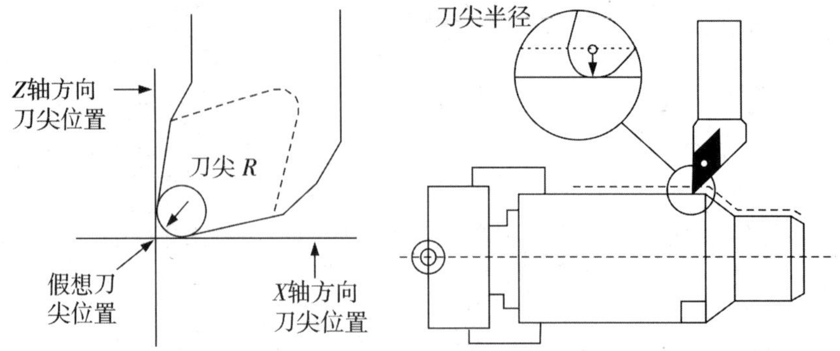

图 1-8-3 数控车刀刀尖圆角

当用按理论刀尖点编出的程序进行端面、外径、内径等与轴线平行或垂直的表面加工时,是不会产生误差的。但在进行倒角、锥面及圆弧切削时,则会产生少切或过切现象。具有刀尖圆弧自动补偿功能的数控系统能根据刀尖圆弧半径计算出补偿量,避免少切或过切现象的产生。如图 1-8-4 所示。

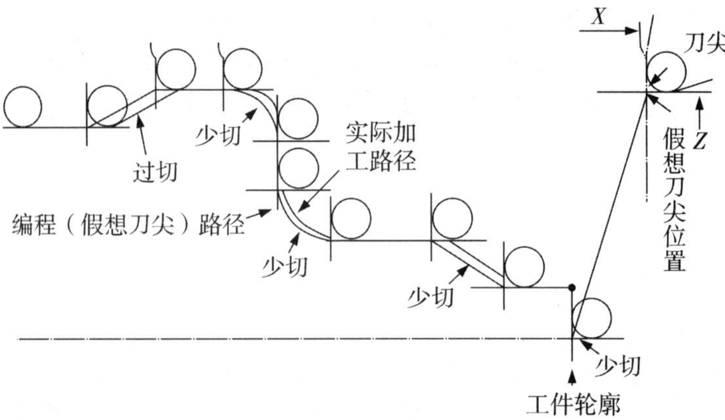

图 1-8-4 过切与欠切

CNC 车床皆使用粉末冶金制作的刀片,其刀尖是一圆弧形,常用的车刀片刀尖圆弧半径 R 有 0.2 mm、0.4 mm、0.6 mm、0.8 mm、1.0 mm 等多种。

在数控编程时,通常都将车刀刀尖作为一点来考虑。

二、对刀操作步骤

(1)按手动键选择手动操作工作方式。

(2)在 MDI 状态下选择要进行对刀的刀具(如 1 号外圆车刀)到工作位置。

(3)选择合适的主轴转速,并启动主轴正转。

(4)选择合适的速度移动刀具,试切一小段工件外圆,并沿 Z 轴退刀(图 1-8-5)。

(5)按停止键停止主轴,测得试切工件外圆直径为 42.56 mm。

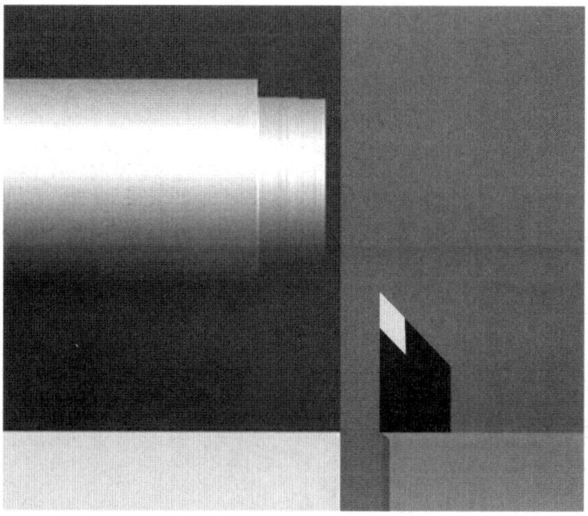

图 1-8-5　沿 Z 轴退刀

(6)按 OFF/SET 刀具偏置键显示刀具补偿偏置/设置画面。

(7)按[形状]软键显示刀具补正/形状画面,光标移至要设置的刀具号(1)。

(8)输入直径测量值“X42.56”。

(9)按[测量]软键确定输入数据,系统自动计算刀补值,1 号刀 X 轴刀补值设置完成。

(10)启动主轴,手动试切工件端面并沿 X 轴退刀(图 1-8-6)。

(11)停止主轴。

(12)输入“Z0.0”,其他同(8)(9)步操作,系统自动计算后的 Z 轴刀具补偿值显示如图 1-8-6 所示,1 号刀刀补值设置完成。

图 1-8-6　沿 X 轴退刀

三、自动加工

数控车床在启动、程序编辑、刀具安装、工件安装找正、对刀等一系列操作后，便可进入自动加工状态，完成工件最终的实际切削加工。循环运行启动时，还可以利用机床的相关功能，对加工程序、数据设置等进行进一步全面的检查校验，以确保自动加工时零件的加工质量和机床的安全运行。

1. 自动运行的启动

(1)“方式选择”开关旋转至“AUTO”状态。

(2)按“PROG”键，输入要运行的程序号，按“光标下移键”打开程序。

(3)按复位键“RESET”，将程序复位，光标指向程序的开始。

(4)按循环启动键，自动循环运行。

2. 自动加工

在自动运行状态下按“功能选择键”中不同的方式按钮，可以选择进入不同的控制状态。

(1)跳步：自动加工时，系统可跳过某些指定的程序段，称跳步。

在自动运行过程中，按“跳步”按钮，使跳步功能有效，机床将在运行中跳过带有“/”跳步符号的程序段向下执行程序。

例如，在某程序段首加上“/”(如/N4 G97……)，且面板上按下“跳步”开关，则在自动加工时，N4、N5 两句程序段被跳过不执行；而当释放此开关，“/”不起作用，该段程序被正常执行。

(2)单步运行：在自动加工试切时，出于安全考虑，可选择单段执行加工程序的功能。

在自动运行中，按“单步”按钮，使单步运行有效，机床在执行完一个程序段后停止，每按一次数控启动键，仅执行一个程序段的动作，可使加工程序逐段执行。

(3)空运行：自动加工启动前，不将工件或刀具装上机床，进行机床空运转，以检查程序的正确性。

按“空运行”按钮，使空运行有效，此时按程序启动按键，机床忽略程序指定的进给速度，空运转时的进给速度与程序无关，以系统设定的快速运行程序。

此操作常与机床锁定功能一起用于程序的校验，不能用于加工零件。

(4)MST 锁定：在自动执行程序时，若按下“MST 锁定”按钮，可以锁定程序中的 M、S、T 功能，即程序中的 M、S、T 指令将不能执行任何动作。

(5)机床锁定：在自动执行程序时，若按下“机床锁定”按钮，可以锁定所有进给轴，只能运行程序，但机床不会有任何进给动作。

通常，可以在空运行状态，将“MST 锁定”和“机床锁定”功能设置有效，在图形轨迹显示面板上检查运行轨迹，以校验程序的正确性。

(6)图形轨迹显示：有图形模拟加工功能的数控车床，在自动加工前，为避免程序错误、刀具碰撞工件或卡盘，可对整个加工过程进行图形模拟加工，检查刀具轨迹是否正确。

在自动运行过程中，按下图形“GRAPH”键可以进入程序轨迹图形模拟状态，在 CRT

上显示程序运行轨迹，以便对所使用的程序进行检验。

3. 自动运行的停止

在自动运行过程中，除程序指令中的暂停（M00）、程序结束（M02、M30）等指令可以使自动运行停止外，操作者还可以使用操作面板上的“进给保持”按钮、“急停”按钮、复位键等功能来中断或停止机床的自动加工。

四、调整刀补参数

根提刀具的实际参数和位置，将刀尖圆弧半径补偿值和刀具几何磨损补偿值输入到与程序相应的存储位置。如试切加工后发现工件尺寸不符合要求时，可根据零件实测尺寸进行刀偏量修改。将屏幕调到“工具补正/磨耗”页面。在这个页面下，每把刀都有相应的补偿值，我们只要把工件的尺寸偏差输到相应的位置即可，注意补偿值要与刀具对应。例如加工某一工件外圆，理论上应加工到 30 mm，但实际测得为 30.12 mm，偏大 0.12 mm，则在“工具补正/磨耗”页面中对应刀具的 *X* 向补偿位置输入“-0.12”。如果此位置已经有数值，那么需在原数值的基础上累加，将累加后的数据输入。如原来的数值为-0.05，则此时需输入-0.17。若实测尺寸偏小，则补入数据为正值。*Z* 向尺寸有偏差时，补偿方法类似。

项目二 常用编程指令

任务一 G00、G01 编程指令

任务要求：图 2-1-1 所示工件的毛坯尺寸为 ϕ30 mm×50 mm，材料为 45 钢，试完成其右端轮廓的编程加工。

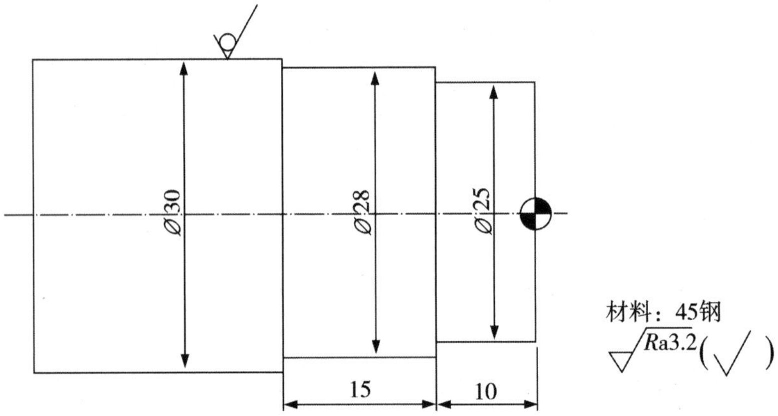

图 2-1-1 台阶轴 1

任务分析：该任务为直线轮廓零件——台阶轴的编程加工。编程方面，在熟悉程序及程序段基本格式及编程规则的基础上，应用 G00、G01 指令即可完成。工艺方面着重介绍数控车削加工方案和加工路线的确定。

一、数控车削加工路线

1. 加工路线的确定原则

加工路线——在数控加工中，刀具刀位点相对于工件运动的轨迹，泛指刀具从对刀点（或机床参考点）开始运动起，直至加工结束所经过的路径，包括切削加工的路径及刀具引入、返回等非切削空行程。

加工路线的确定原则：①加工路线的确定首先必须保证被加工零件的精度及表面粗

糙度要求;②其次考虑数值计算简便,以减少编程工作量;③应使走刀路线尽量短,效率较高;④加工路线还应根据工件的加工余量和机床、刀具的刚度等具体情况确定。

2. 起刀点与换刀点的选择(图 2-1-2)

起刀点一般作为切削加工程序运行的起点。起刀点一般选择在径向等于或略大于工件毛坯直径,在轴向距工件端面 1 ~2 mm 的位置上。

换刀点是指刀架转位换刀时的位置。在数控车床上,该点的位置不是固定的。其设定值一般根据刀具在刀架上的悬伸量确定,在保证换刀安全的前提下尽量靠近工件,初学时可在工件坐标系中按(100.0,100.0)取值,也可选择机床参考点作为换刀点。

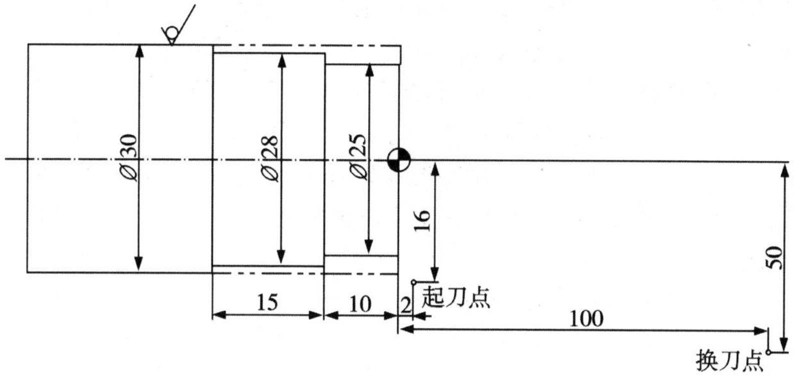

图 2-1-2　起刀点与换刀点的选择

3. 台阶轴车削加工路线(图 2-1-3)

台阶轴的精加工按照离换刀点由近至远的原则,从右向左沿轮廓进行。台阶轴加工中宜采用分段粗车沿轮廓精车的加工路线。

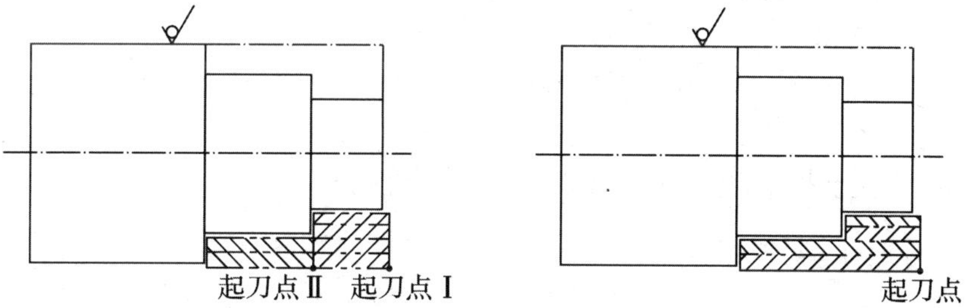

图 2-1-3　台阶轴车削加工路线

想一想

图示加工路线与普通车削加工的加工路线相比有何异同?

二、编程指令解析

(一)G00——快速定位指令

让刀具以点位控制方式,从刀具所在点快速移动到目标点。

1. 格式

G00 X(U)____Z(W)____;

2. 说明

(1)X、Z 为绝对编程时,刀具移动的终点坐标。

U、W 为增量编程时,刀具移动的终点相对于上一点的位移。

(2)一般用于加工前快速定位或加工后快速退刀,不用指定运行速度。

(3)G00 的进给速度较快,移动速度是由机床制造厂家设定的,在操作时可通过机床上的进给倍率按钮调节,在使用时要注意避免刀具与工件或夹具发生碰撞。

(4)G00 指令主要用于使刀具快速接近或离开工件,节省刀具空运行时间。为了安全,车削起点不能选在零件上。切削起点 *X* 值一般比毛坯直径大 1 ~ 2 mm,*Z* 值靠近工件右端面 2 ~ 5 mm 处。

(5)G00 是模态代码,可由 G01、G02、G03 等功能注销。

(二)G01——直线插补指令

让刀具从当前点以直线方式和设定的进给速度移动到终点坐标。

1. 格式

G01 X(U)____Z(W)____F____;

2. 说明

(1)X、Z 为绝对编程时终点在工件坐标系中的坐标。

U、W 为增量编程时终点相对于起点的位移量。

F 为合成进给速度。

(2)G01 指令刀具以联动的方式,按 F 规定的合成进给速度移动到程序段指令的终点。

(3)G01 为模态指令,可由 G00、G02、G03 等功能注销。

三、编写加工程序

(一)图纸分析

图纸要求加工外圆直径 $\phi28$、$\phi25$,无公差要求。加工表面粗糙度值 *Ra*3.2 μm。材料为 45 钢。

加工背吃刀量不大,表面要求不高,直接车削完成,不再区分粗车、精车。

(二)选择加工参数

选用分层车削加工方法,车削 $\phi28$ 台阶时吃刀量 1 mm,车削 $\phi25$ 台阶时吃刀量 1.5 mm。车削转速选择 800 r/min。进给量选择 0.15 mm/r。加工参数的选择需要考虑刀具、材料、设备、生产需求等多方面因素。

(三)加工程序

见表 2-1-1。

表 2-1-1　加工程序

程序内容	说明
O0001;	程序名
M03 S800 T0101;	主轴正转,转速 800 r/min,选择 1 号车刀,1 号刀补
G00 X100 Z100;	快速定位到(100,100)
G00 X32 Z2;	快速移动到(32,2)
G00 X28 Z2;	快速进刀到(28,2);
G01 X28 Z-25 F0.15;	将车刀进给至(28,-25),进给速度 0.15 mm/r;
G01 X32 Z-25;	退刀至(32,-25),进给速度 0.15 mm/r;
G00 X32 Z2;	快速退刀至(32,2);
G00 X25 Z2;	快速进刀到(25,2);
G01 X25 Z-10 F0.15;	将车刀进给至(25,-10),进给速度 0.15 mm/r;
G01 X32 Z-10;	退刀至(32,-10),进给速度 0.15 mm/r;
G00 X100 Z100;	快速退刀至(100,100);
M30;	程序结束,并返回起点

编程提示:

(1)编程时注意模态代码的合理使用,初学时,建议将基点坐标完整地编写。

(2)编程完毕后,根据所编写的程序手工绘出刀具在 *XZ* 平面内的轨迹,以验证程序的正确性。

四、零件车削实训

本任务为外圆柱轮廓加工,尺寸公差为自由公差,表面粗糙度值 *Ra*3.2 μm。任务目标是熟悉数控车床车削加工路线,掌握数控车削加工工艺流程。

机床:CKA6150 型数控车床。

系统:FANUC Series 0i-TF。

毛坯:规格为 ϕ30 mm× 50 mm,材料为 45 圆钢。

刀具:硬质合金外圆车刀。

量具:0 ~ 150 mm 规格的游标卡尺。

操作提示:

(1)自动加工中,将屏幕显示切换至程序检视界面,单段运行程序,发现问题及时按下 RESET 键复位。

(2)加工时,操作者应全神贯注,密切注意加工情况,发生问题及时处理,紧急情况下,按急停按钮。

五、练习作业

1. 图 2-1-4 所示工件的毛坯尺寸为 ϕ30 mm×50 mm,材料 45 钢。加工该零件外轮廓,用 G00、G01 指令编写加工程序,要求切削吃刀量不大于 2 mm。

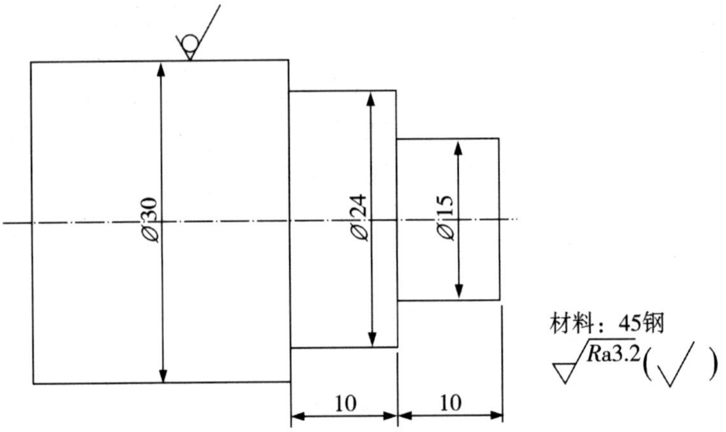

图 2-1-4 作业 1

2. 图 2-1-5 所示工件的毛坯尺寸为 ϕ30 mm×50 mm,材料 45 钢。加工该零件外轮廓,用 G00、G01 指令编写加工程序,要求切削吃刀量不大于 2 mm。

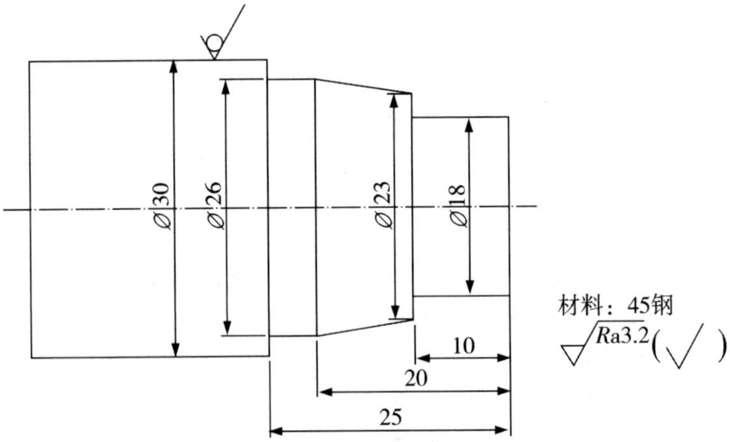

图 2-1-5 作业 2

任务二　G02、G03 编程指令

任务要求:图 2-2-1 所示工件的毛坯尺寸为 ϕ30 mm×50 mm,材料为 45 钢,试编写其数控车削加工程序并进行加工。

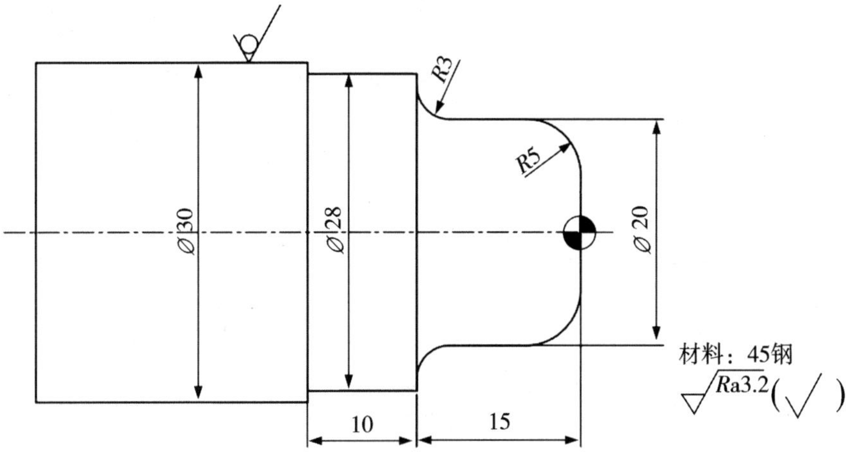

图 2-2-1　圆弧特征轴零件

任务分析:本例工件为简单的圆弧轮廓零件,为完成该任务须掌握圆弧插补指令 G02/G03 以及圆弧加工的加工工艺。在确定轮廓基点坐标时,学会运用平面几何的计算方法进行圆弧端点坐标的计算。

一、编程指令解析

让刀具按照指定进给速度作圆弧运动,车削圆弧轮廓。G02——顺时针圆弧插补指令,G03——逆时针圆弧插补指令。

1. 指令格式

(1)格式一,以圆弧半径 *R* 指定圆心。

编程格式为:G02(03) X(U)_　Z(W)_　R_　F_;

(2)格式二,以 I、K 指定圆心。

编程格式为:G02(03) X (U) _ Z (W) _ I _ K _ F _。

2. 说明

(1)X _ Z _ 是绝对编程时,圆弧终点在工件坐标系中的坐标。

U _ W _是增量编程时,圆弧终点相对于圆弧起点的位移量。

R _是圆弧半径,圆弧圆心角小于 180 度时,R 为正值,否则 R 为负值。

I _ K _是圆心相对于圆弧起点的增加量(等于圆心的坐标减去圆弧起点的坐标,在绝对、增量编程时都是以增量方式指定,在直径、半径编程时 I 都是半径值)。

（2）顺逆圆弧判断（图2-2-2）。对于机床后置刀架（刀架在远离机床操作者一侧），G03是逆时针圆弧插补指令，G02是顺时针圆弧插补指令；对于机床前置刀架（刀架在靠近机床操作者一侧），G03是顺时针圆弧插补指令，G02是逆时针圆弧插补指令。

（3）R编程只适于非整圆的圆弧插补的情况，不适于整圆加工。

（4）同时编入R与I、K时，R有效。（对于数控车床而言，没有必要用I、K方式编程，以避免繁琐的计算。）

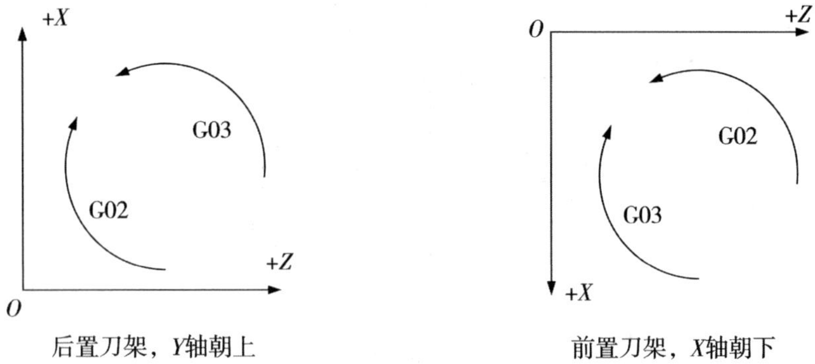

图2-2-2　顺逆圆弧判断

二、圆弧面的数控车削加工路线

1. 凸弧车削加工路线

凸弧车削加工路线如图2-2-3所示，有车锥法、圆弧偏移法和同心圆分层切削法。

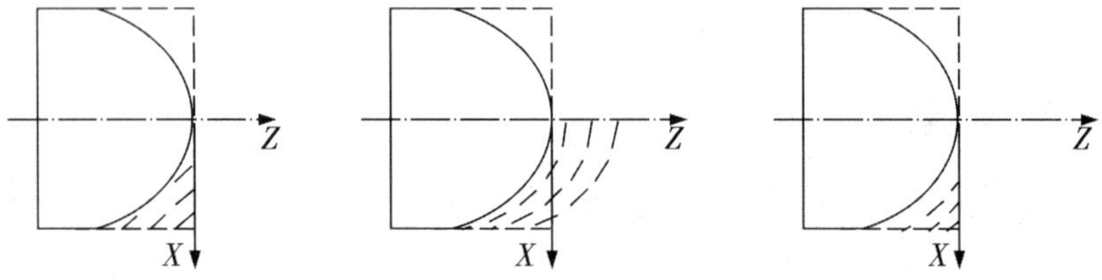

（a）车锥法　（b）圆弧偏移法　（c）同心圆分层切削法

图2-2-3　凸弧车削加工路线

对于半径不大，即加工余量较小的凸弧可采用车锥法进行1～2刀的粗加工，此时应注意起点、终点的确定，以防过切，加工余量可按0.5R取值。而对于加工余量较大的凸弧则多采用复合循环指令编程加工。

2. 凹弧车削加工路线

凹弧车削加工路线如图2-2-4所示。

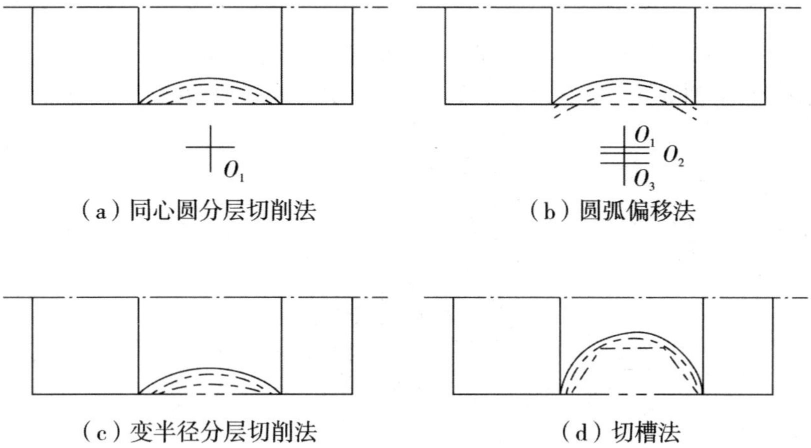

图 2-2-4　凹弧车削方法

通过比较，采用圆弧偏移法加工编程时坐标计算最简便，对于较浅的凹弧可使用该方法用圆弧插补指令进行 1 ~ 2 刀的粗加工，而对于加工余量较大的凹弧，则宜采用复合循环指令编程加工。

三、编写加工程序

（一）图纸分析

图纸要求加工外圆直径 $\phi28$、$\phi20$，倒角 $R5$、$R3$，无公差要求。加工表面粗糙度值 $Ra3.2\ \mu m$。材料 45 钢。

加工 $\phi20$ 外圆时需要控制吃刀量，分层切削。不需要区分粗车精车即可达到精度要求。

$R5$ 圆角采用同心圆分层切削法，$R3$ 圆角采用圆弧偏移法完成加工。如图 2-2-5 所示。

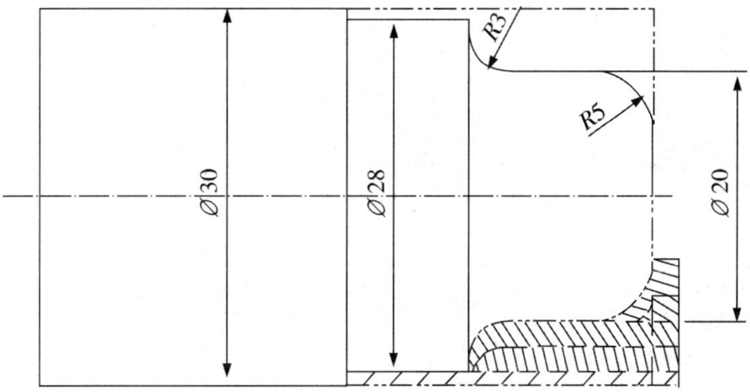

图 2-2-5　分层车削加工路线

（二）选择加工参数

选用分层车削加工方法，车削 ϕ28 台阶时吃刀量 1 mm，车削 ϕ20 台阶时吃刀量 2 mm。切削圆弧时吃刀量不大于 2 mm。车削转速选择 800 r/min。进给量选择 0.1 mm/r。

（三）加工程序

加工程序如表 2-2-1 所示。

表 2-2-1　加工程序

程序内容	说明
O0002；	程序名
M03 S800 T0101；	主轴正转，转速 800 r/min，选择 1 号车刀，1 号刀补
G00 X100 Z100；	快速定位到(100,100)
G00 X28 Z2；	快速移动到(28,2)
G01 X28 Z-25 F0.1；	车出直径 28 mm 台阶
G01 X32 Z-25；	退刀
G00 X32 Z2；	退刀
G00 X24 Z2；	快速进刀至(24,2)
G01 X24 Z-12；	车出直径 20 mm 台阶
G02 X30 Z-15 R3 F0.1；	第一次车 R3 圆弧
G00 X32 Z-15；	退刀
G00 X32 Z2；	退刀
G00 X20 Z2；	进刀
G01 X20 Z-12；	车出直径 20 mm 台阶
G02 X26 Z-15 R3；	第二次车 R3 圆弧
G01 X32 Z-15；	退刀
G00 X32 Z2；	退刀
G00 X16 Z2；	进刀
G01 X16 Z0；	进刀
G03 X20 Z-2 R2 F0.1；	第一次车 R5 圆弧
G00 X24 Z-2；	退刀
G00 X24 Z2；	退刀
G00 X10 Z2；	进刀

续表 2-2-1

程序内容	说明
G01 X10 Z0；	进刀
G03 X20 Z-5 R5；	第二次车 R5 圆弧
G00 X24 Z-5；	退刀
G00 X100 Z100；	快速退刀至(100,100)
M30；	程序结束,并返回起点

编程提示：

(1)编程时注意正确判断圆弧的顺逆,确定插补指令 G02 或 G03。

(2)注意圆弧插补指令 G02/G03 的指令格式,不要漏掉圆弧半径 *R* 地址。

四、零件车削实训

本任务为外圆柱轮廓、倒角特征加工,尺寸公差为自由公差,表面粗糙度值 *Ra* 3.2 μm。任务目标是熟悉圆弧特征分层车削加工路线,掌握数控车削加工工作流程。

机床:CKA6150 型数控车床。

系统:FANUC Series 0i-TF。

毛坯:规格为 ϕ30 mm×50 mm,材料为 45 圆钢。

刀具:硬质合金外圆车刀。

量具:0～150 mm 规格的游标卡尺、半径规。

五、练习作业

1. 图 2-2-6 所示工件的毛坯尺寸为 ϕ30 mm×50 mm,材料 45 钢。加工该零件外轮廓,用 G03 指令编写加工程序,要求切削吃刀量不大于 2 mm。

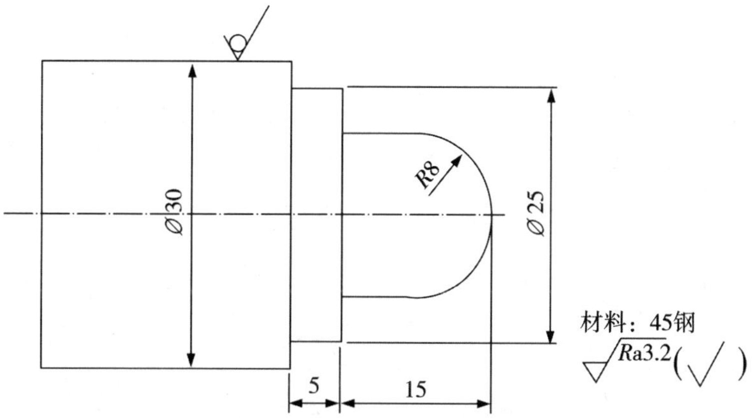

图 2-2-6 作业 1

2. 图 2-2-7 所示工件的毛坯尺寸为 ϕ30 mm×50 mm，材料 45 钢。加工该零件外轮廓，用 G02、G03 指令编写加工程序，要求切削吃刀量不大于 2 mm。

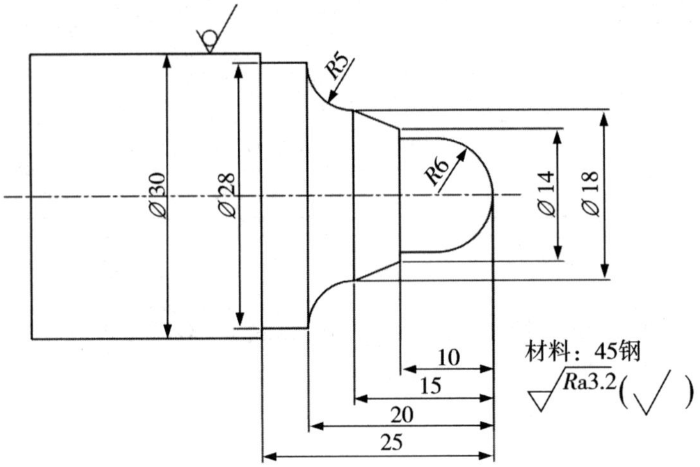

图 2-2-7　作业 2

任务三　G90 编程指令

任务要求：如图 2-3-1 所示工件，毛坯尺寸为 ϕ50 mm×60 mm，材料为 45 钢，试编写其数控车削加工程序并进行加工。

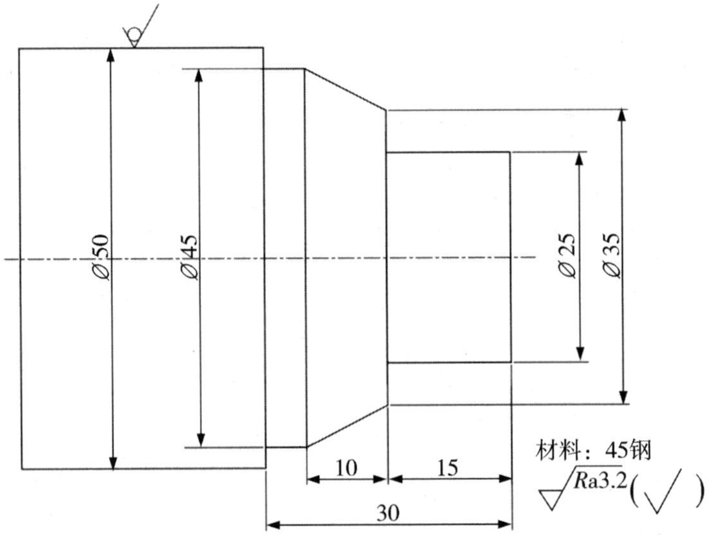

图 2-3-1　圆锥特征加工轴

任务分析：本任务中，工件加工余量较多，若采用 G00 与 G01 指令进行编程，必然导致程序冗长,编程与输入出错概率增加。而采用固定循环指令编程可以使编写的加工程序简洁明了。本任务引入单一固定循环 G90 指令用于简单圆柱、圆锥表面的粗加工和精加工。

一、编程指令解析

1. 指令格式

G90 X(U)__Z(W)__R__F__;

2. 说明

X、Z 为圆柱面切削的终点坐标。

U、W 为圆柱面切削的终点相对于循环起点坐标分量。

R 为车削圆锥面时,切削起点与切削终点的半径差,R 为 0 时为车圆柱面。[圆锥面切削起点处的 X 坐标减终点处 X 坐标值的二分之一。即 $R=(X_{起}-X_{终})/2$]。

F 为循环切削过程中的进给速度,若不重新指定,该值在后续程序中依然有效。

G90 为模态功能,可由 G00、G01、G02、G03 等功能注销。

3. 循环起点的确定

循环起点是机床执行循环指令之前,刀位点所在的位置,循环起点既是程序循环的起点,又是程序循环的终点。

例 G90 X30 Z-30 F0.1;

4. 本指令的运动轨迹与工艺分析

G90 循环指令中的 R 值有正负之分,当切削起点处的半径小于终点处的半径时,R 为负值,反之则为正值。

二、编写加工程序

(一)图纸分析

图纸要求加工外圆直径 $\phi45$、$\phi25$,锥面大径 $\phi45$,小径 $\phi35$,无公差要求。加工表面粗糙度值 $Ra3.2$ μm。材料为 45 钢。

加工外圆及锥面特征时需要控制吃刀量,分层切削。不需要区分粗车精车即可达到精度要求。

(二)选择加工参数

车削 $\phi45$、$\phi25$ 圆柱面及圆锥面时吃刀量不大于 2 mm。车削转速选择 800 r/min。进给量选择 0.15 mm/r。

(三)加工程序

如表 2-3-1 所示。

表 2-3-1 加工程序

程序内容	说明
O0003;	程序名
M03 S800 T0101;	主轴正转,转速 800 r/min,选择 1 号车刀,1 号刀补
G00 X100 Z100;	快速定位到(100,100)
G00 X52 Z2;	快速移动到(52,2)
G90 X46 Z-30 F0.15;	切削 ϕ45 外圆循环一次
G90 X45 Z-30;	切削 ϕ45 外圆循环二次
G90 X41 Z-15;	切削 ϕ25 外圆循环一次
G90 X37 Z-15;	切削 ϕ25 外圆循环二次
G90 X37 Z-15;	切削 ϕ25 外圆循环三次
G90 X33 Z-15;	切削 ϕ25 外圆循环四次
G90 X29 Z-15;	切削 ϕ25 外圆循环五次
G90 X25 Z-15;	切削 ϕ25 外圆循环六次
G00 X52 Z-15;	快速移动到切削圆锥循环起点
G90 X51 Z-25 R-5;	切削圆锥循环第一次
G90 X47 Z-25 R-5;	切削圆锥循环第二次
G90 X45 Z-25 R-5;	切削圆锥循环第三次
G00 X100 Z100;	快速退刀至(100,100)
M30;	程序结束,并返回起点

编程提示:

(1)分段加工中,先加工圆柱面,最后单独使用 G90 编程指令加工圆锥面。为减少空行程,两段加工之间不安排退刀。

(2)圆锥面加工时,为使程序简洁,径向贴着端面进刀,此时,不宜使用 G00 指令。

三、零件车削实训

本任务为外圆柱轮廓、倒角特征加工,尺寸公差为自由公差,表面粗糙度值 $Ra3.2\ \mu m$。任务目标是熟悉循环编程指令车削加工路线,熟悉数控车削加工工作流程。

机床:CKA6150 型数控车床。

系统:FANUC Series 0i-TF。

毛坯:规格为 ϕ50 mm× 60 mm,材料为 45 圆钢。

刀具:硬质合金外圆车刀。

量具:0 ~ 150 mm 规格的游标卡尺。

操作提示:程序输入机床后可先查看刀具模拟轨迹,验证程序正确性。

四、练习作业

1. 图 2-3-2 所示工件的毛坯尺寸为 $\phi50$ mm×60 mm，材料为 45 钢。加工该零件外轮廓，用 G90 指令编写加工程序，要求切削吃刀量不大于 2 mm。

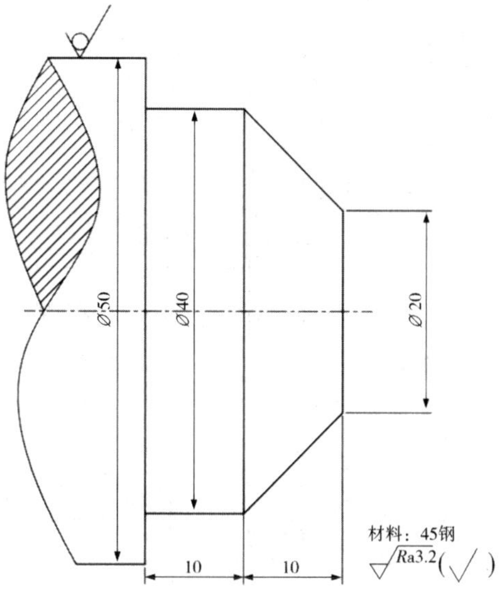

图 2-3-2　作业 1

2. 图 2-3-3 所示工件的毛坯尺寸为 $\phi50$ mm×60 mm，材料为 45 钢。加工该零件外轮廓，用 G90 指令编写加工程序，要求切削吃刀量不大于 2 mm。

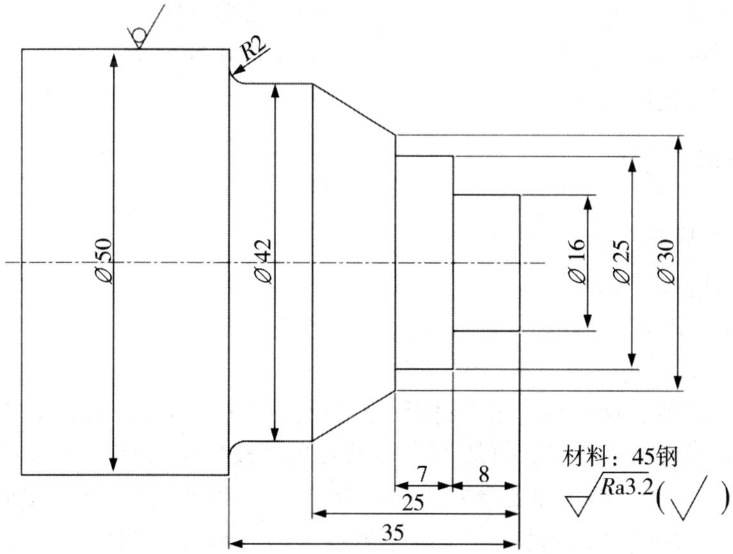

图 2-3-3　作业 2

任务四 G71、G70 编程指令

任务要求:如图 2-4-1 所示工件,毛坯尺寸为 ϕ50 mm×80 mm,材料为 45 钢,试编写其数控车削加工程序并进行加工。

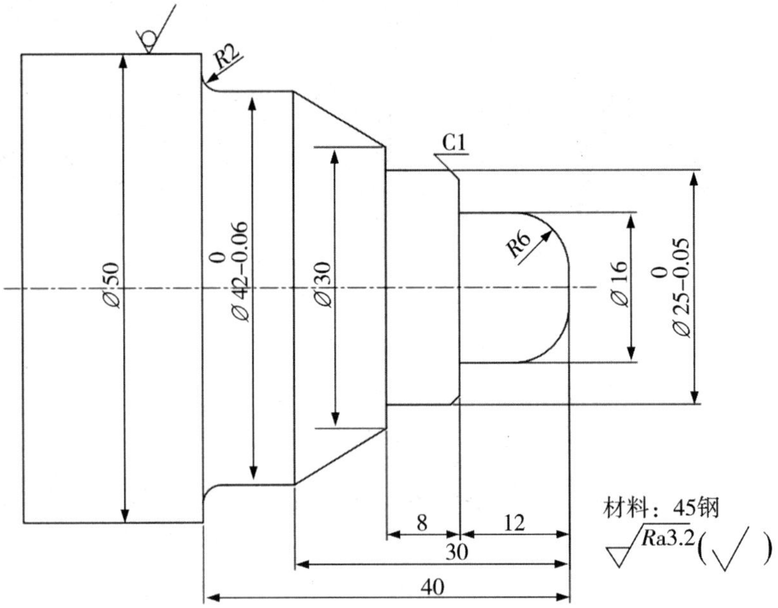

图 2-4-1 轴工件加工

任务分析:本任务中零件外形轮廓形状较为复杂,为了简化程序,更快捷地去除余量,引入数控系统中的轮廓车削复合循环指令 G71 和 G70 进行编程加工。为了保证加工精度要求,需要分粗加工和精加工进行切削。

一、编程指令解析

(一)内、外圆粗车循环指令(G71)

1. 指令格式

G71 U(Δ*d*) R(*e*) ;

G71 P(*ns*)Q(*nf*)U(Δ*u*)W(Δ*w*)F__S__ T__;

其中,Δ*d* 为 X 向背吃刀量(半径量指定),不带符号,且为模态值;*e* 为每次切削后的退刀量,其值为模态值;*ns* 为精车程序第一个程序段的段号;*nf* 为精车程序最后一个程序段的段号;Δ*u* 为 *X* 轴方向精加工余量,用直径量指定(另有规定则除外);Δ*w* 为 *Z* 方向精加工余量;F、S、T 为粗加工循环中的进给速度、主轴转速与刀具功能。

2. 指令的运动轨迹

如图 2-4-2 所示。

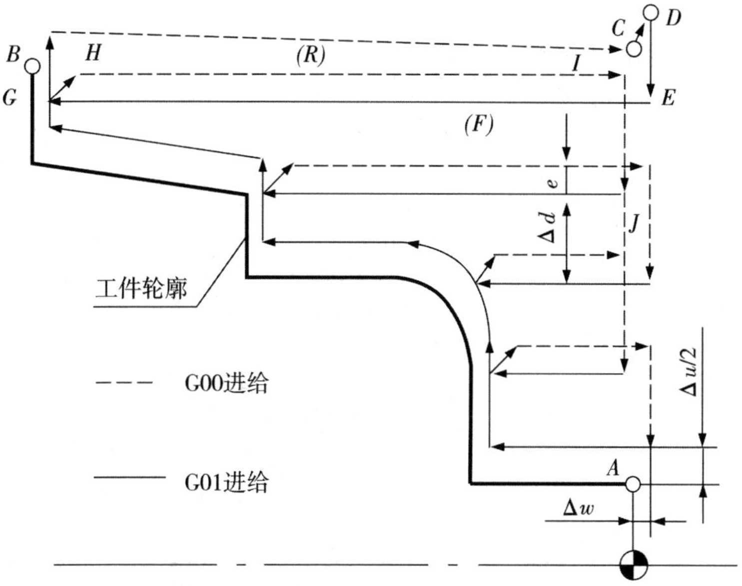

图 2-4-2 G71 粗车循环轨迹图

3. 工艺说明

ns→*nf* 程序段中的 F、S、T 功能，即使被指定也对粗车循环无效。

车削的零件轮廓路径必须是 *X* 轴、*Z* 轴方向单调增大或减小，即不可有内凹的轮廓外形。

在 FANUC 系列的 G71 循环中，顺序号"*ns*"程序段必须沿 *X* 向进刀，且不能出现 *Z* 坐标字，否则会出现程序报警。

(二) 内孔、外圆精车循环指令(G70)

指令格式：G70 P(*ns*)Q(*nf*)F__；

其中，*ns* 为精车程序第一个程序段的段号；*nf* 为精车程序最后一个程序段的段号；F 为精加工进给速度。

例 G70 P10 Q20 F0.05；

二、编写加工程序

(一) 图纸分析

图纸要求加工特征有外圆、锥面圆角、倒角等特征，ϕ42、ϕ25 外圆尺寸有公差要求。加工表面粗糙度值 *Ra*3.2 μm。材料为 45 钢。

加工过程中需要进行粗车、精车加工，以满足精度要求。

(二) 选择加工参数

粗车吃刀量 1 mm，转速 800 r/min，进给量选择 0.1 mm/r。

精车吃刀量 0.5 mm，转速 1 200 r/min，进给量选择 0.05 mm/r。

（三）加工程序

加工程序如表 2-4-1 所示。

表 2-4-1　加工程序

程序内容	说明
O0004;	程序名
T0101 M03 S800;	选择 1 号车刀,1 号刀补 主轴正转,转速 800 r/min,
G00 X100 Z100;	快速定位到(100,100)
G00 X52 Z2;	快速移动到循环起点(52,2)
G71 U1 R0.5;	定义粗车循环 U 为每次背吃刀量单边 1 mm R 为每次退刀量单边 0.5 mm
G71 P10 Q20 U1 W0 F0.1;	P10 为精加工第一程序段号; Q20 为精加工最后程序段号; U 为精车 *X* 向双边余量 1 mm; W 为精车 *Z* 向双边余量 0 mm; F 为粗车进给速度 0.1 mm/r
N10 G00 X4; G01 Z0; G03 X16 Z-6 R6; G01 Z-12; X23; X25 Z-13; Z-20; X30; X42 Z-30; Z-38; G02 X46 Z-40 R2; N20 G01 X50;	N10-N20 外圆轮廓循环程序
G00 X100 Z100;	快速退刀至(100,100)
M05;	主轴停止
M00;	程序暂停
M03 S1200;	主轴正转,转速 1 200 r/min
G00 X52 Z2;	快速定位到 精车循环起点(52,2)

续表 2-4-1

程序内容	说明
G70 P10 Q20 F0.05;	P10 为精加工第一程序段号; Q20 为精加工最后程序段号; F 为精车进给速度 0.05 mm/r
G00 X100 Z100;	快速退刀至(100,100)
M30;	程序结束,并返回起点

编程提示:

(1)编程时注意程序循环起始、终止段号前后对应。

(2)精加工之前需要停止主轴进行测量,调整磨耗。

三、零件车削实训

本任务为加工具有精度要求的复杂外圆特征轴零件。表面粗糙度值 *Ra*3.2 μm。任务目标是熟悉 G71 循环编程指令车削加工路线,熟悉数控车削加工工作流程。

机床:CKA6150 型数控车床。

系统:FANUC Series 0i-TF。

毛坯:规格为 ϕ50 mm×60 mm,材料为 45 圆钢。

刀具:硬质合金外圆车刀。

量具:0 ~ 150 mm 规格的游标卡尺,0 ~ 25 mm、25 ~ 50 mm 外径千分尺。

操作提示:程序输入机床后可先查看刀具模拟轨迹,验证程序正确性。

四、练习作业

1. 图 2-4-3 所示工件的毛坯尺寸为 ϕ50 mm×80 mm,材料为 45 钢。加工该零件外轮廓,保证加工精度。

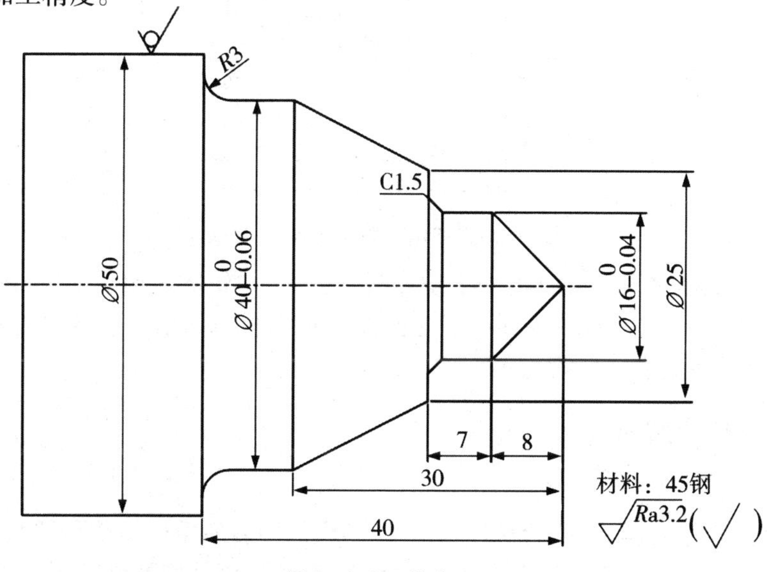

图 2-4-3　作业 1

2. 图 2-4-4 所示工件的毛坯为 ϕ35 mm 棒料,材料为 45 钢。加工该零件外轮廓,并切断。

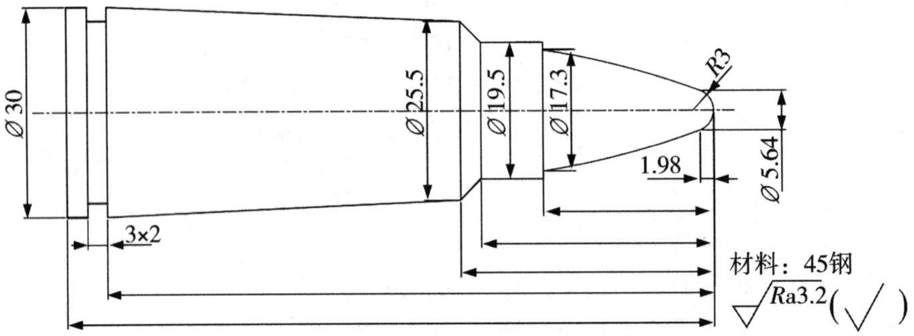

图 2-4-4 炮弹工艺品加工图纸

任务五 G73、G70 编程指令

任务要求:如图 2-5-1 所示工件,毛坯尺寸为 ϕ30 mm×80 mm,材料为 45 钢,试编写其数控车削加工程序并进行加工。

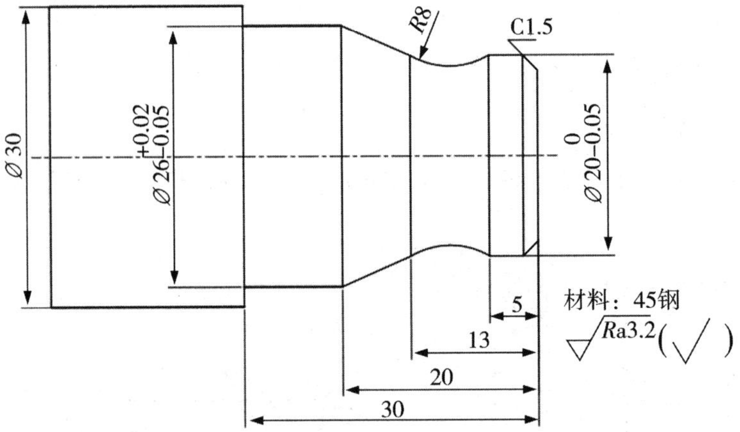

图 2-5-1 任务工件 1

任务分析:编写本任务工件的加工程序时,由于工件轮廓表面不是单调递增或递减的表面,所以仅采用 G71、G70 循环指令无法加工该工件。因此,本任务引入 G73 轮廓车削固定形状复合循环指令编程加工。

一、编程指令解析

1. 概述

G73 轮廓车削固定形状复合循环指令又称为“仿形切削循环”,就是按照一定的切削形状逐渐地接近最终形状,且对形状的单调性没有要求,因此它非常适用于加工铸造、锻造等毛坯零件，也适合加工有内凹结构的工件。

2. 指令格式

G73 U(Δi) W(Δk) R(d)；

G73 P(ns) Q(nf) U(Δu) W(Δw) F(f)；

其中：Δi 为 X 轴方向退刀距离(半径指定)；Δk 为 Z 轴方向退刀距离(半径指定)，可省略不写出；d 为分割次数，这个值与粗加工重复次数相同；ns 为精加工形状程序的第一个段号；nf 为精加工形状程序的最后一个段号；Δu 为 X 轴方向精加工预留量的距离及方向(直径指定)；Δw 为 Z 轴方向精加工预留量的距离及方向。

3. 加工轨迹

如图 2-5-2 所示。

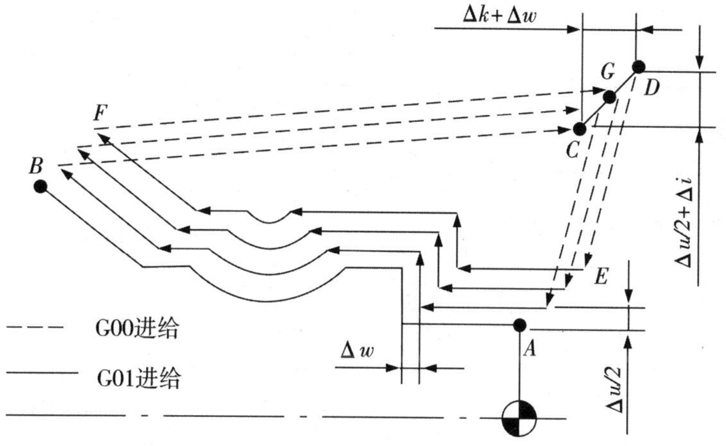

图 2-5-2　成型加工复合循环的轨迹图

4. 指令说明

(1) 循环起点的确定。一般 X 方向比毛坯直径大 1 ~ 2 mm，Z 方向在毛坯端面右侧 2 ~ 5 mm，离毛坯可适当远些。

(2) G73 程序段中，“ns”所指程序段可以向 X 轴或 Z 轴的任意方向进刀。

(3) G73 循环加工的轮廓形状，没有单调递增或单调递减形式的限制。

(4) G73 循环粗车后仍采用 G70 循环进行工件的精车，执行 G70 循环时，刀具沿工件的实际轨迹进行切削。

(5) 加工未切除余料的棒料毛坯时，Δi 为 X 方向毛坯最大切除余量，可通过(毛坯尺寸-零件轮廓最小部分尺寸)/2 来估算。

(6) R 为粗车循环走刀次数；一般取 $R=U-1$。

提示：用普通棒料毛坯加工时，如果零件表面径向尺寸变化较大，用 G73 循环编程加工，空行程较多，加工效率较低。

二、编写加工程序

(一) 图纸分析

图纸要求加工有内凹圆弧特征的工件，$\phi 20$、$\phi 26$ 外圆尺寸有公差要求。加工表面粗

糙度值 $Ra3.2\ \mu m$。材料为 45 钢。

加工过程中需要进行粗车、精车加工,以满足精度要求。

(二)选择加工参数

粗车吃刀量 1 mm,转速 800 r/min,进给量选择 0.1 mm/r。

精车吃刀量 0.5 mm,转速 1 200 r/min,进给量选择 0.05 mm/r。

(三)加工程序

加工程序如表 2-5-1 所示。

表 2-5-1 加工程序

程序内容	说明
O0005;	程序名
T0101 M03 S800;	选择 1 号车刀,1 号刀补 主轴正转,转速 800 r/min,
G00 X100 Z100;	快速定位到(100,100)
G00 X32 Z2;	快速移动到循环起点(32,2)
G73 U7 R6;	定义粗车循环 U 为 X 方向退刀距离单边 7 mm; R 为循环切削 6 次; 一般 U=(毛坯尺寸-工件最小直径)/2
G73 P10 Q20 U1 W0 F0.1;	P10 为精加工第一程序段号; Q20 为精加工最后程序段号; U 为精车 *X* 向双边余量 1 mm; W 为精车 *Z* 向双边余量 0 mm; F 为粗车进给速度 0.1 mm/r
N10 G00 X17; G01 Z0; X20 Z-1.5; Z-5; G02 X20 Z-13 R8; G01 X26 Z-20; Z-30; N20 X30;	N10-N20 外圆轮廓循环程序
G00 X100 Z100;	快速退刀至(100,100)
M05;	主轴停止
M00;	程序暂停
M03 S1200;	主轴正转,转速 1 200 r/min

续表 2-5-1

程序内容	说明
G00 X32 Z2;	快速定位到 精车循环起点(52,2)
G70 P10 Q20 F0.05;	P10 为精加工第一程序段号; Q20 为精加工最后程序段号; F 为精车进给速度 0.05 mm/r
G00 X100 Z100;	快速退刀至(100,100)
M30;	程序结束,并返回起点

编程提示:

(1)编程时注意正确判断圆弧的顺逆,确定插补指令 G02 或 G03。

(2)注意区分 G73 指令和 G71 指令参数的区别。

三、零件车削实训

车削内凹结构工件对刀具角度的要求及车刀的选择,如图 2-5-3 所示,应选择刀尖角 ε_r 较小的刀具,俗称“菱形刀”。实际生产和实训中可根据实际选择焊接外圆车刀按加工要求磨出相应的副偏角 K'_r,也可以选择机夹外圆车刀。

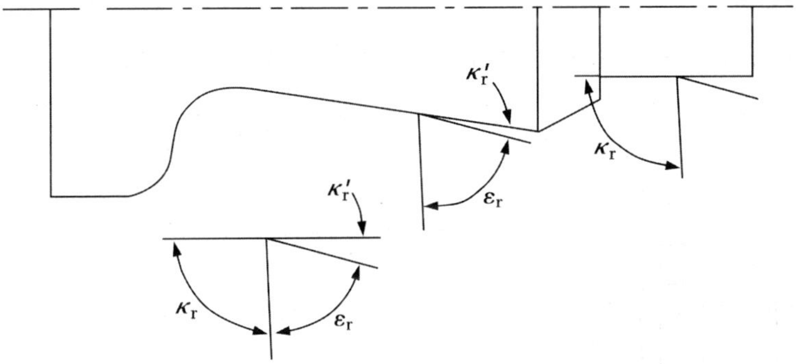

图 2-5-3 内凹结构工件对刀具角度的要求

本任务为加工具有内凹特征轴零件。表面粗糙度值 $Ra3.2$ μm。任务目标是熟悉 G73 循环编程指令车削加工路线,熟悉数控车削加工工作流程。

机床:CKA6150 型数控车床。

系统:FANUC Series 0i-TF。

毛坯:规格为 ϕ30 mm×80 mm,材料为 45 圆钢。

刀具:93°硬质合金外圆车刀,刀片为 35°菱形。

量具:0 ~ 150 mm 规格的游标卡尺,0 ~ 25 mm、25 ~ 50 mm 外径千分尺。

四、练习作业

1. 图 2-5-4 所示工件的毛坯为 ϕ30 mm×80 mm 棒料,材料为 45 钢。加工该零件外轮廓，并切断。

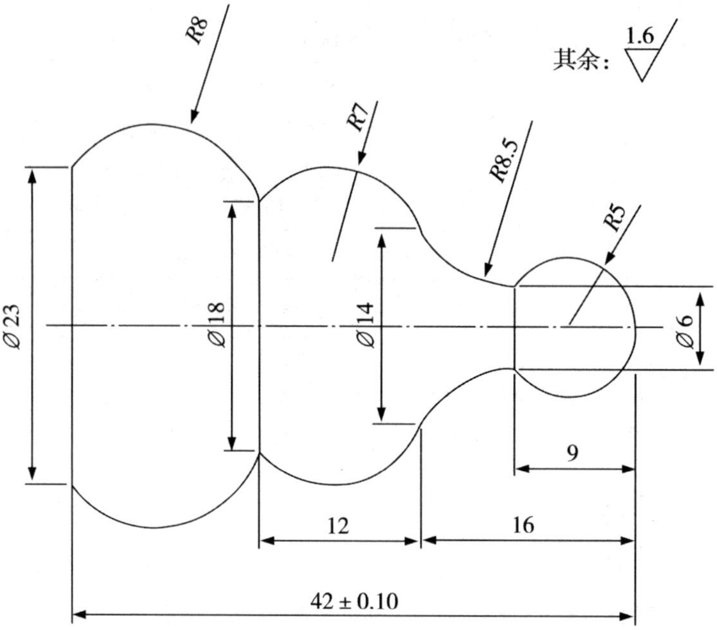

图 2-5-4 作业 1

2. 本任务待加工零件为国际象棋棋子，如图 2-5-5 所示，毛坯为直径 40 mm 的棒料，材料为 45 钢。加工该零件外轮廓，并切断。

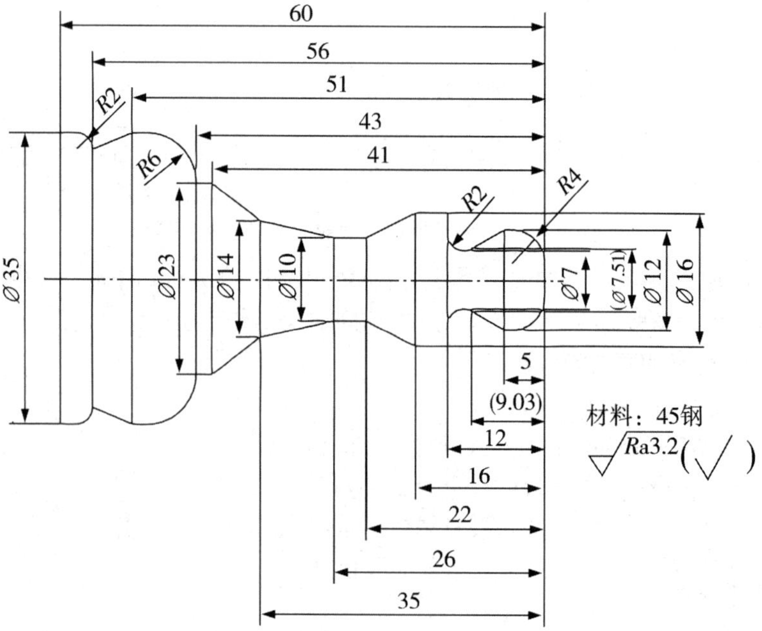

图 2-5-5 作业 2

项目六　G75 编程指令

任务要求：如图 2-6-1 所示工件，毛坯尺寸为 ϕ50 mm×82 mm，材料为 45 钢，试编写其数控车削加工程序并进行加工。

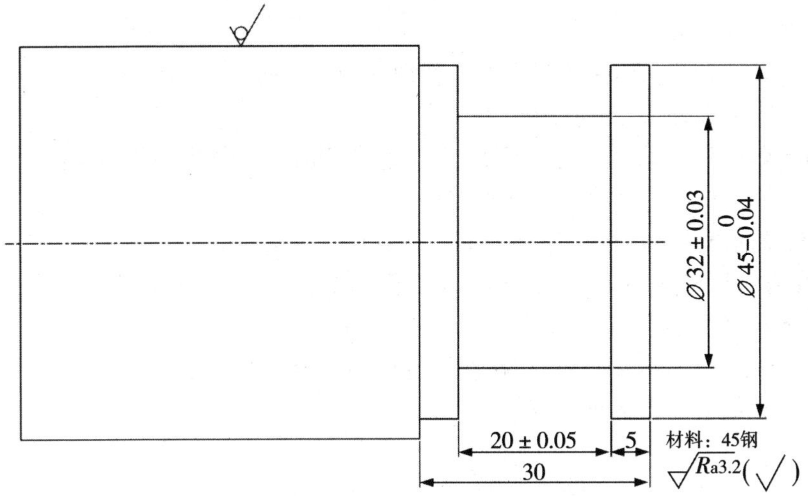

图 2-6-1　练习工件

任务分析：数控车削加工中，经常会遇到各种带有槽的零件。根据槽的宽度不同，槽可以分为宽槽和窄槽两种。槽的宽度不大，切槽刀切削过程中不沿 *Z* 向移动就可以车出的槽一般叫窄槽。槽宽度大于切槽刀的宽度，切槽刀切槽过程中需要沿 *Z* 向移动才能切出的槽一般叫宽槽。

图示工件中的宽槽，如果采用 G01 指令来编程则程序冗长，容易出错。本任务中引入外径沟槽复合固定循环 G75 指令编程，以达到简化编程的目的。在槽加工过程中，要特别注意切槽的加工工艺。

一、编程指令解析

1. 多重复合循环切削指令（G75）

（1）指令书写格式

G75 R(e)；

G75 X(U)__Z(W)__P(Δi)Q(Δk)R(Δd)F(f)；

（2）指令说明

e 为 X 方向回退量，该值为模态值。

X 为最大切深点的 *X* 轴坐标。

U 为最大切深点的 *X* 轴增量坐标。

Z 为最大切深点的 Z 轴坐标。

W 为最大切深点的 Z 轴增量坐标。

Δi 为 X 轴方向的进给量(不带符号,单位为 μm)。

Δk 为 Z 轴方向的位移量(不带符号,单位为 μm)。

Δd 为刀具在车至槽底时的退刀量,Δd 的符号总是正的。

F 为进给速度。

2. 加工轨迹

如图 2-6-2 所示。

(1)刀具从循环起点(A 点)开始,沿径向进刀 Δi 并到达 C 点。

(2)退刀 e(断屑)并到达 D 点。

(3)沿径向进刀 $\Delta i+e$ 并到达 E 点,直至递进切削至径向终点 X 的坐标处。

(4)退到径向起刀点,完成一次切削循环。

(5)沿轴向偏移 Δk 至 F 点,进行第二次径向切削循环。

(6)依次循环直至刀具切削至程序终点坐标处(B 点),径向退刀至起刀点(G 点),再轴向退刀至起刀点(A 点),完成整个切槽循环动作。

G75 程序段中的 $Z(W)$ 值可省略或设定值为 0,当 $Z(W)$ 值设为 0 时,循环执行时刀具仅作 X 向进给而不作 Z 向偏移。

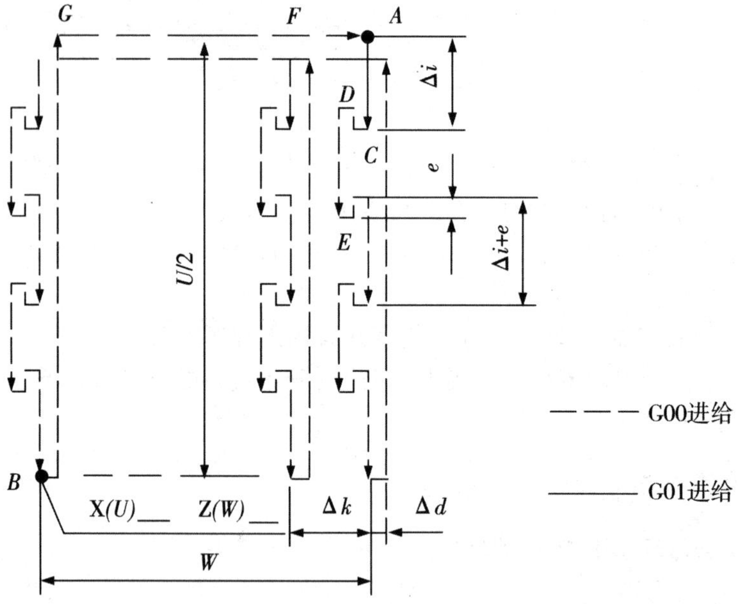

图 2-6-2 径向切槽循环轨迹图

二、编写加工程序

(一)图纸分析

图纸要求加工有宽槽特征的工件,$\phi42$ 外圆、$\phi32$ 槽底尺寸有公差要求。加工表面粗

糙度值 $Ra3.2$ μm。材料为45钢。

加工过程中需要进行粗车、精车加工,以满足精度要求。

(二)选择加工参数

外圆刀:

粗车吃刀量1 mm,转速800 r/min,进给量选择0.1 mm/r。

精车吃刀量0.5 mm,转速1 200 r/min,进给量选择0.05 mm/r。

切断刀:

粗车吃刀量2 mm,转速400 r/min,进给量选择0.1 mm/r。

精车吃刀量2 mm,转速600 r/min,进给量选择0.05 mm/r。

(三)加工程序

(1)外圆加工程序如表2-6-1所示。

表2-6-1 外圆加工程序

程序内容	说明
O0061;	程序名
T0101 M03 S800;	选择1号车刀,1号刀补 主轴正转,转速800 r/min,
G00 X100 Z100;	快速定位到(100,100)
G00 X52 Z2;	快速移动到循环起点(52,2)
G90 X48 Z-30 F0.1;	外圆粗车循环一次
X46;	外圆粗车循环二次
G00 X100 Z100;	快速退刀
M05;	主轴停止
M00;	程序暂停
M03 S1200;	主轴正转,转速1 200 r/min
G00 X52 Z2;	快速定位到 精车循环起点(52,2)
G90 X45 Z-30 F0.05;	外圆精车循环一次
G00 X100 Z100;	快速退刀至(100,100)
M30;	程序结束,并返回起点

(2)宽槽加工程序如表2-6-2所示。

表 2-6-2 宽槽加工程序

O0062;	程序名
T0202 M03 S400;	选择 2 号车刀,2 号刀补 主轴正转,转速 400 r/min
G00 X100 Z100;	快速定位到(100,100)
G00 X46 Z-8.2;	快速移动到循环起点(46,-8.2)
G75 R0.5;	车刀每向前切一刀,后退 0.5 mm
G75 X32.2 Z-24.8 P2000 Q2500 F0.1;	X 为 *X* 轴方向切削最终值(留余量) Z 为 *Z* 轴方向切削最终值(留余量) P 为 *X* 轴方向每次移动 2 mm Q 为 *Z* 轴方向每次移动 2.5 mm F 为进给速度 0.1 mm/r
G00 X100 Z100;	快速退刀至(100,100)
M05;	主轴停止
M00;	程序暂停
M03 S600;	主轴正转,转速 600 r/min
G00 X46 Z-8;	快速定位到(46,-8)
G01 X32 F0.05;	切削至槽底
Z-25;	光槽底
X46;	退刀
G00 X100 Z100;	快速退刀至(100,100)
M30;	程序结束,并返回起点

编程提示:

(1)编程时注意正确判断循环起点和切槽终点(均应考虑刀宽)。

(2)注意 G75 指令中的参数单位。

(3)注意用 G75 粗车槽时留余量,然后精车。

三、零件车削实训

本任务为加工具有宽槽特征轴零件。表面粗糙度值 *Ra*3.2 μm。任务目标是熟悉 G75 循环编程指令车削加工路线,熟悉数控车削加工工作流程。

机床:CKA6150 型数控车床。

系统:FANUC Series 0i-TF。

毛坯:规格为 ϕ30 mm×80 mm,材料为 45 圆钢。

刀具:硬质合金外圆车刀、3 mm 宽机夹车断刀。

量具:0 ~ 150 mm 规格的游标卡尺,25 ~ 50 mm 外径千分尺。

注意:①切槽加工之前需要确认编程刀宽和实际刀具宽度是否一致;②切槽和切断时,刀头宽度不宜过宽,否则容易产生振动;③切槽刀安装时,主切削刃与轴心线要平行,否则切出的槽底直径一侧大、一侧小。

对于槽底直径尺寸精度要求较高的工件,加工中可采用预留磨耗的方法,先完成粗加工、精加工后用千分尺检验,修改磨耗值后重新调用精加工程序段进行二次精加工。具体方法参考外圆车削。

常见外槽的检测方法:

精度较低的外沟槽,一般采用钢直尺和卡钳测量。

精度要求较高的外槽,可用千分尺、样板和游标卡尺等检测,如图 2-6-3 所示。

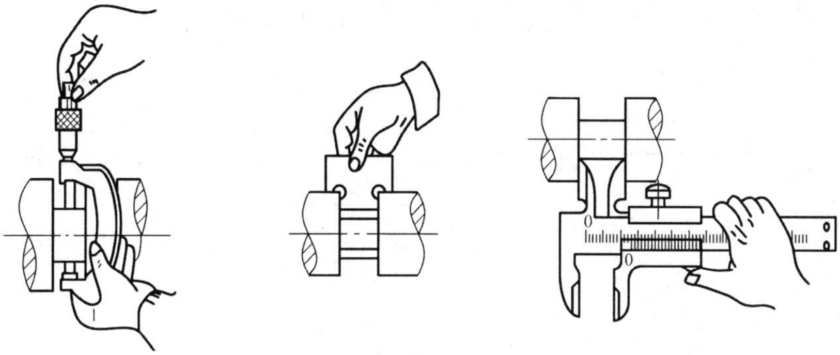

(a)千分尺测量外槽直径　(b)样板测量外槽宽度　(c)游标卡尺测量外槽宽度

图 2-6-3　外沟槽测量

四、练习作业

1. 图 2-6-4 所示工件的毛坯为 ϕ50 mm×82 mm 棒料,材料为 45 钢。加工该零件外轮廓。

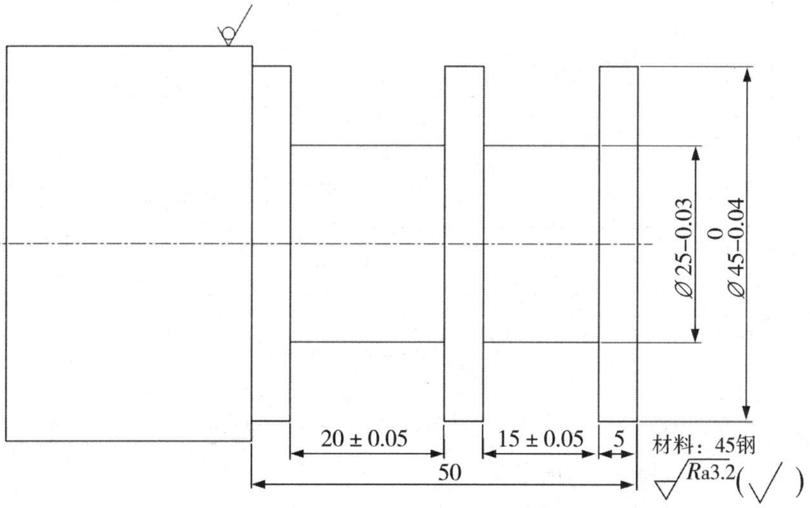

图 2-6-4　作业 1

2. 图 2-6-5 所示工件的毛坯为 ϕ50 mm×82 mm 棒料，材料为 45 钢。加工该零件外轮廓。

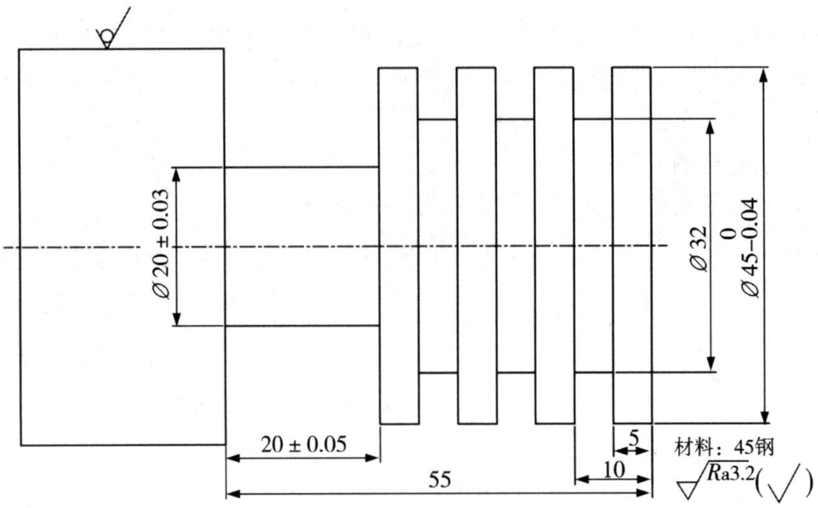

图 2-6-5　作业 2

任务七　G92、G76 编程指令

任务要求：如图 2-7-1 所示工件，毛坯尺寸为 ϕ30 mm 圆钢，材料为 45 钢，试编写其数控车削加工程序并进行加工。

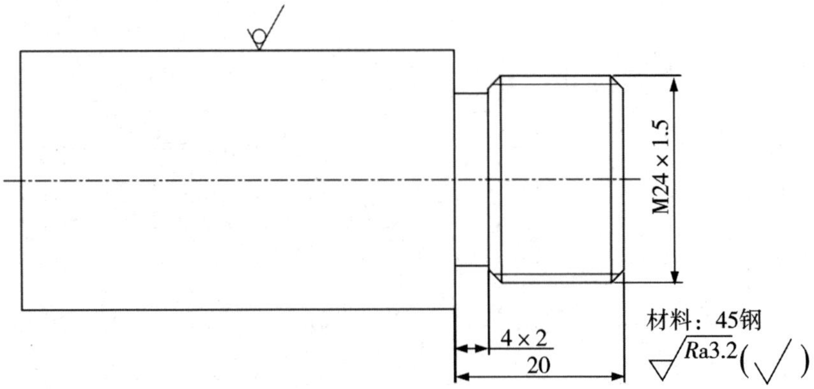

图 2-7-1　螺纹轴加工

任务分析：螺纹加工是数控车床的主要功能之一。编写螺纹加工程序之前需要先了解相关螺纹参数及加工工艺知识。

编写螺纹加工程序时，有多种螺纹加工指令可供选择。本任务中，学习螺纹切削单一固定循环 G92 指令和螺纹切削复合循环 G76 指令编程,以完成数控车床螺纹加工工作。

通过本次任务训练初步掌握综合件的工艺分析方法,为后续综合训练奠定基础。

一、螺纹基础知识

在各种机电产品中,螺纹的应用十分广泛,如螺钉、螺母、螺杆、丝杠等。它主要用于连接各种机件,也可用来传递运动和载荷。

1. 螺纹的分类

螺纹按用途不同,可分为连接螺纹和传动螺纹;按牙型不同,可分为普通三角形螺纹、矩形螺纹、梯形螺纹、锯齿形螺纹等;按螺旋线的方向不同,可分为左旋螺纹和右旋螺纹;按螺旋线线数,可分为单线螺纹和多线螺纹;按母体形状,可分为圆柱螺纹和圆锥螺纹等。

普通三角形螺纹牙型角为 60°,普通三角形螺纹按螺距不同,可分为粗牙普通螺纹和细牙普通螺纹。

(1)粗牙普通螺纹螺距是标准螺距,其代号用字母"M"及公称直径表示,如 M16、M12 等。

(2)细牙普通螺纹代号用字母"M"及公称直径×螺距表示,如 M24×1.5、M27×2 等。

普通螺纹有左旋螺纹和右旋螺纹之分,左旋螺纹应在螺纹标记的末尾处加注"LH"字,如 M20×1.5LH 等,未注明的是右旋螺纹。

2. 普通螺纹的尺寸计算

三角形螺纹参数如图 2-7-2 所示。

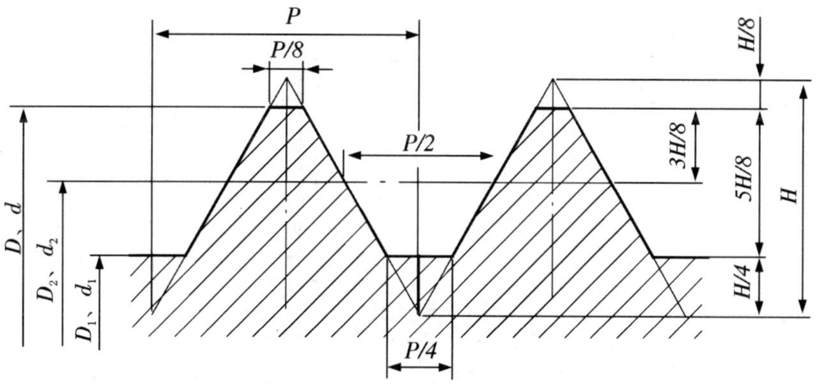

图 2-7-2　三角形螺纹参数

P 为螺纹螺距;H 为螺纹原始三角形高度,$H=0.866P$;h 为牙型高度,$h=5H/8=0.5413P$;D、d 为螺纹大径(公称直径),$D=d$;D_2、d_2 为螺纹中径,$D_2=d_2=D(d)-0.6495P$;D_1、d_1 为螺纹小径,$D_1(d_1)=D(d)-1.0825P$

车削外螺纹时,为保证车削后的螺纹牙顶有 $0.125P$ 的宽度,且考虑到螺纹直径在车削时会挤压变大,根据经验,外螺纹车削前的外圆直径应车至比螺纹公称直径小 $0.13P$,

螺纹深度应车至 0.65P。

车削内螺纹时，由于车削时的挤压作用，内孔直径会缩小，对于塑性金属材料这种现象较为明显，所以车螺纹前的底孔孔径应略大于螺纹小径的基本尺寸。底孔孔径可按下式计算确定。

车削塑性材料时　　　$D_{孔}=D-P$

车削脆性材料时　　　$D_{孔}=D-1.05P$

式中：$D_{孔}$ 为底孔孔径，mm；D 为内螺纹大径，mm；P 为螺距，mm；

注：45 钢为塑性材料。

车内螺纹时，内螺纹深度应车至 0.65P。

例　在数控车床上加工 M24×2-7h 的外螺纹，采用经验公式计算：

螺纹编程大径 $d=24-0.13\times2=23.74$ mm；

半径方向总切深量 $h'=0.65P=0.65\times2=1.3$ mm；

编程小径 $d_1=d_{公}-2h'=24-2.6=21.4$ mm；

3. 螺纹轴向起点和终点尺寸的确定

在数控机床上车螺纹时，沿螺距方向的 Z 向进给应和机床主轴的旋转保持严格的速比关系，但在实际车削螺纹的开始时，伺服系统不可避免地有一个加速的过程，结束前也相应有一个减速的过程。在这两段时间内，螺距得不到有效保证。为了避免在进给机构加速或减速过程中切削，故在安排其工艺时要尽可能考虑合理的导入距离 δ_1 和导出距离 δ_2，如图 2-7-3 所示。

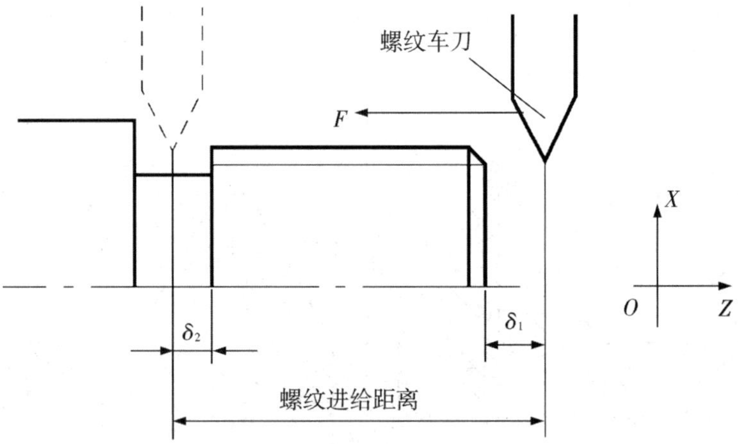

图 2-7-3　螺纹加工进给距离

δ_1 和 δ_2 的数值与机床拖动系统的动态特性有关，还与螺纹的螺距和螺纹的精度有关。一般 δ_1 取 $2P\sim3P$，对大螺距和高精度的螺纹则取较大值；δ_2 一般取 $1P\sim2P$。若螺纹退尾处没有退刀槽时，其 $\delta_2=0$。这时，该处的收尾形状由数控系统的功能设定。

4. 螺纹的进刀方式

螺纹加工属于成形加工，为了保证螺纹的导程，加工时主轴旋转一周，车刀的进给量必须等于螺纹的导程。螺纹的牙型往往不是一次加工而成的，需要多次进行切削，如欲提高螺纹的表面质量,可增加几次光整加工。常用的螺纹切削进刀方式有直进法、斜进法(图 2-7-4)。

(1)直进法加工螺纹。每次车削只有 X 方向进刀,螺纹车刀的左右切削刃同时参与切削。

特点:编程比较简单,可以获得比较正确的牙型。

适用:常用于螺距 $P<2$ mm 和脆性材料的螺纹加工。

(2)斜进法加工螺纹。车削螺距较大的螺纹时,粗车采用两轴同时进给的方法。

特点:单刃切削,车削中不易扎刀,且可获得较小的表面粗糙度值。

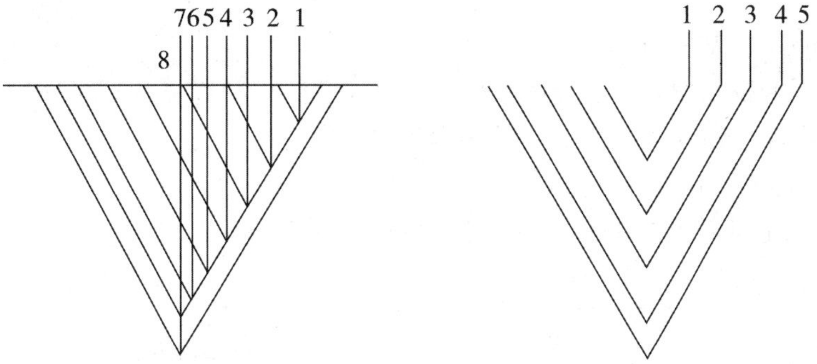

(a)斜进法 (b)直进法

图 2-7-4 螺纹加工进刀方法

5. 螺纹加工的多次切削

加工螺纹时,通常采用多次走刀、分层切入的办法进行加工。切深的分配方法有常量式和递减式两种。常量式是每次切削量是个固定值。递减式是每次切削量是按递减规律进行分配。常用普通螺纹切削的进给次数与背吃刀量见表 2-7-1。

表 2-7-1 常用普通螺纹切削的进给次数与背吃刀量 (单位:mm)

螺距		1.0	1.5	2	2.5	3
牙深(半径量)		0.65	0.98	1.3	1.625	1.95
(直径值)切削次数及吃刀量	1 次	0.7	0.8	0.9	1.0	1.2
	2 次	0.4	0.6	0.6	0.7	0.7
	3 次	0.2	0.4	0.6	0.6	0.6
	4 次		0.16	0.4	0.4	0.4
	5 次			0.1	0.4	0.4
	6 次				0.15	0.4
	7 次					0.2

6. 螺纹车削的注意事项

(1)一般切削螺纹时,从粗车到精车是按照同样的螺距进行的。即使很多次切削,工件圆周上的切削起点仍保持不变。从粗车到精车,主轴的转速必须一定。

(2)加工螺纹的实际长度除了螺纹有效长度 *L* 外,还包括升速段和降速段的长度。其数值与工件的螺距和转速有关,由各系统设定,一般比实际长度大一个导程。

二、编程指令解析

1. 圆柱螺纹切削循环

(1)指令格式

G92 X(U)__Z(W)__F__;

其中,X、Z 为螺纹切削终点处的坐标;U、W 为螺纹切削终点相对于切削起点的增量值;F 为螺纹导程,如果是单线螺纹,则为导程=螺距。

例 G92 X30 Z-30 F2;

(2)指令的运动轨迹及工艺说明如图 2-7-5 所示。

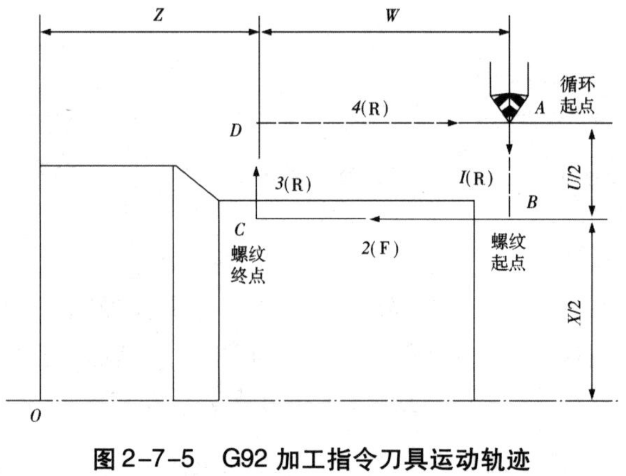

图 2-7-5 G92 加工指令刀具运动轨迹

G92 指令把“快速进刀”—“螺纹切削”—“快速退刀”—“返回起点”四个动作作为一个循环,还能在螺纹切削结束时,按要求有规则的退出,因此可在没有退刀槽的情况下车削螺纹。上图中刀具从循环起点 *A* 开始,按 *A*→*B*→*C*→*D* 进行自动循环,最后又回到循环起点 *A*,虚线表示快速移动,实线表示按 F 指令指定的进给速度移动。

在 G92 循环编程中,通常情况下,*X* 向循环起点取在离外圆表面 1 ~ 2 mm(直径量)的地方,*Z* 向的循环起点根据导入值的大小来进行选取。

使用螺纹切削单一固定循环指令(G92)时的注意事项:

1)在螺纹切削过程中,按下循环暂停键时,刀具立即按斜线回退,然后先回到 *X* 轴的起点,再回到 *Z* 轴的起点。在回退期间,不能进行另外的暂停。

2)如果在单段方式下执行 G92 循环,则每执行一次循环必须按 4 次循环启动按钮。

3)G92 指令是模态指令,当 *Z* 轴移动量没有变化时,只需对 *X* 轴指定其移动指令即可重复执行固定循环动作。

4）执行 G92 循环时，在螺纹切削的退尾处，刀具沿接近 45°的方向斜向退刀，Z 向退刀距离 $r=0.1S\sim12.7S$（导程），该值由系统参数设定。

5）在 G92 指令执行过程中，进给速度倍率和主轴速度倍率均无效。

2. 螺纹切削复合固定循环指令（G76）

（1）指令格式

G76 P(m)(r)(a) Q(Δd_{min})R(d)；

G76 X(U)_Z(W)_R(i)P(k)Q(Δd)F_；

其中，m 为精加工重复次数 01～99；

r 为倒角量，即螺纹切削退尾处（45°）的 Z 向退刀距离；

a 为刀尖角度（螺纹牙型角），用两位整数来表示，该参数为模态量；

Δd_{min}为最小切削深度，用半径编程指定，单位为 μm；

d 为精加工余量，用半径编程指定，单位为 μm；

$X(U)$、$Z(W)$ 为螺纹切削终点处的绝对坐标或增量坐标；

i 为螺纹锥度值，如果 $i=0$，则进行圆柱螺纹切削，可省略；

k 为螺纹牙型编程高度，用半径编程指定，单位为 μm；

Δd 为第一刀切削深度，用半径编程指定，单位为 μm；

F 为导程，如果是单线螺纹，则该值为螺距。

（2）指令的运动轨迹及工艺说明，如图 2-7-6 所示。

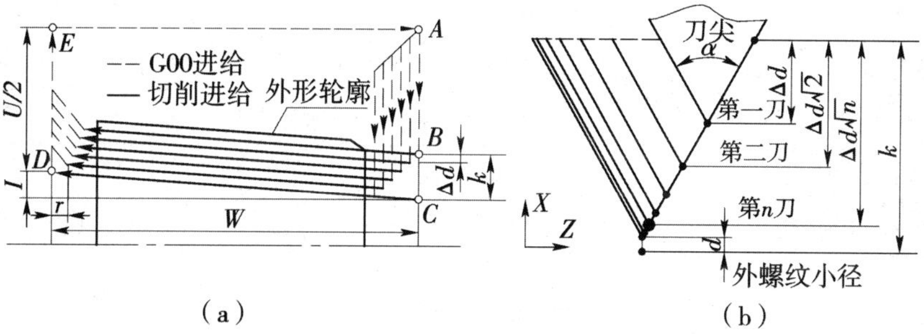

图 2-7-6　G76 加工指令刀具运动轨迹

图 2-7-6（a）为车削圆锥螺纹时的轨迹图。

如图 2-7-6（b）所示，螺纹车刀向深度方向并沿基本牙型一侧的平行方向进刀，从而保证了螺纹粗车过程中始终用一个刀刃进行切削，减小了切削阻力，提高了刀具寿命，为螺纹的精车质量提供了保证。

在 G76 循环指令中，m、r、a 用地址符 P 及后面各两位数字指定，每个两位数中的前置 0 不能省略。这些数字的具体含义及指定方法如下：

例 P001560

该例的具体含义为：

精加工次数“00”即 $m=0$；

倒角量“15”即 $r=15\times0.1S=1.5S$（S 是导程）；

螺纹牙型角“60”即 $\alpha=60^\circ$。

三、编写加工程序

(一)图纸分析

图样中工件需加工螺纹特征与退刀槽特征。螺纹部分公称直径为 24 mm,螺距为 1.5 mm,单线,右旋,螺纹长度为 16 mm;退刀槽宽度为 4 mm,直径为 20 mm。

(二)选择加工参数

外圆刀:粗车吃刀量为 1 mm,转速为 800 r/min,进给量选择 0.1 mm/r。

切断刀:粗车吃刀量为 2 mm,转速为 400 r/min,进给量选择 0.1 mm/r。

螺纹刀:吃刀量 0.8/0.6/0.4/0.16 mm,转速为 400 r/min,进给量选择 1.5 mm/r。

(三)加工程序

(1)外圆加工(略)。

(2)退刀槽加工(略)。

(3)螺纹加工。G92 编程加工程序如表 2-7-2 所示。

表 2-7-2 G92 编程加工程序

程序内容	说明
O0071;	程序名
T0101 M03 S500;	选择 1 号车刀,1 号刀补主轴正转,转速 800 r/min,
G00 X100 Z100;	快速定位到(100,100)
G00 X26 Z2;	快速移动到循环起点(26,2)
G92 X23.2 Z-18 F1.5;	螺纹循环加工
X22.6;	
X22.2;	
X22.05;	
G00 X100 Z100;	快速退刀
M30;	程序结束,并返回起点

G76 编程加工程序如表 2-7-3 所示。

表 2-7-3 G76 编程加工程序

程序内容	说明
O0072;	程序名
T0101 M03 S500;	选择 1 号车刀,1 号刀补主轴正转,转速 800 r/min,
G00 X100 Z100;	快速定位到(100,100)
G00 X26 Z2;	快速移动到循环起点(26,2)
G76 P021060 Q100 R2000;	02 为精车重复两次,10 为螺纹尾端倒角 1.5 mm,60 为刀尖角度 60°;Q100 为最小切削深度 0.1 mm,R2000 为精车余量 2 mm,半径量
G76 X22.05 Z-18 R0 P975 Q500 F1.5;	螺纹终点坐标(22.05,-18),R0 为直螺纹,P975 指螺纹牙高 0.975 mm,半径量 Q500 指第一次切削深度0.5 mm,F1.5 指螺纹导程 1.5 mm
G00 X100 Z100;	快速退刀
M30;	程序结束,并返回起点

编程提示:

(1)循环起点的 *X* 坐标应大于毛坯尺寸。

(2)编写程序时注意参数的单位。

四、零件车削实训

本任务为加工螺纹特征轴零件。任务目标是熟悉 G92、G76 循环编程指令车削加工路线,熟悉数控车削加工工作流程。

机床:CKA6150 型数控车床。

系统:FANUC Series 0i-TF。

毛坯:规格为 ϕ30 mm,材料为 45 圆钢。

刀具:硬质合金外圆车刀,3 mm 宽机夹车断刀,机夹螺纹车刀。

量具:0 ~ 150 mm 规格的游标卡尺,M24×1.5 螺纹环规。

注意事项:①首次切削尽可能采用单段加工,熟练后可采用自动加工方式;②螺纹切削过程中,应密切关注螺纹牙顶的宽度的变化,防止牙顶过尖;③用螺纹环规和塞规检测螺纹时,通端应轻松旋入、旋出,不准用力硬旋,否则螺纹有可能“咬死”。

五、练习作业

编制如图 2-7-7 所示带外螺纹的轴类零件的加工程序并进行加工。毛坯采用 ϕ50 mm×100 mm 的棒料,材料为 45 钢。

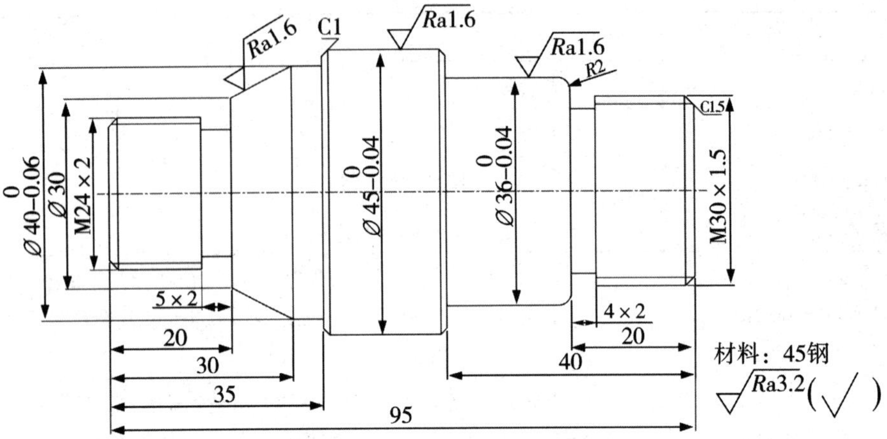

图 2-7-7 螺纹练习作业

任务八 子程序编程指令

任务要求:如图 2-8-1 所示工件,毛坯为 ϕ50 mm 棒料,材料为 45 钢,试编写其数控车削加工程序并进行加工。

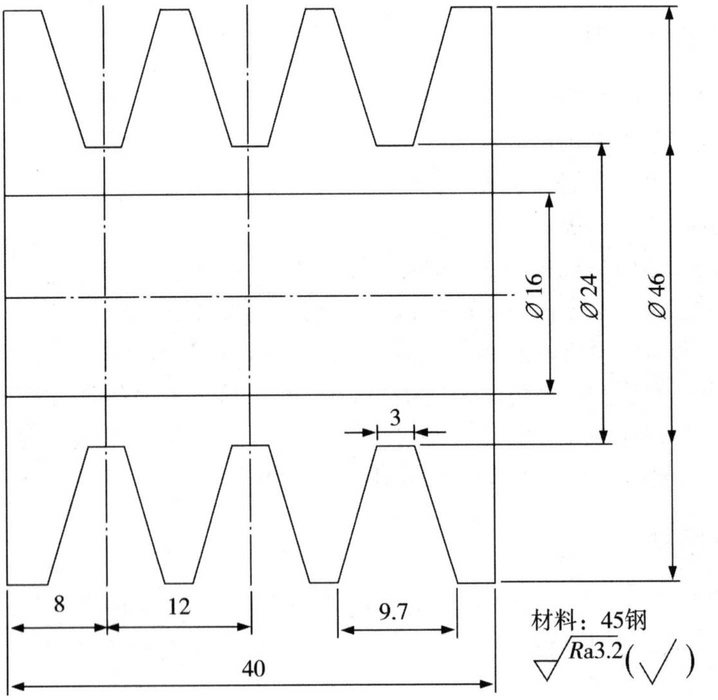

图 2-8-1 带轮图纸

任务分析:V 带轮是常见零件,一般使用铝或者铸件作为毛坯材料。在带轮零件加工中需要注意编程数值计算。本任务中引入 M98、M99 子程序指令编程,以达到简化编程的目的。

一、编程指令解析

1. 子程序的概念

(1)子程序的定义。机床的加工程序可以分为主程序和子程序两种。

主程序——是一个完整的零件加工程序,或是零件加工程序的主体部分。与被加工零件或加工要求一一对应,不同的零件或不同的加工要求,都有唯一的主程序。

子程序——在编制加工程序中,有时会遇到一组程序段在一个程序中多次出现,或者在几个程序中都要使用的加工程序。这个典型的加工程序可以做成固定程序,并单独加以命名。它只能通过主程序进行调用,实现加工中的局部动作。子程序执行结束后,能自动返回到调用它的主程序中。

使用子程序目的:使用子程序可以减少不必要的程序重复,达到简化编程。其作用相当于固定循环。

(2)子程序的嵌套如图 2-8-2 所示。

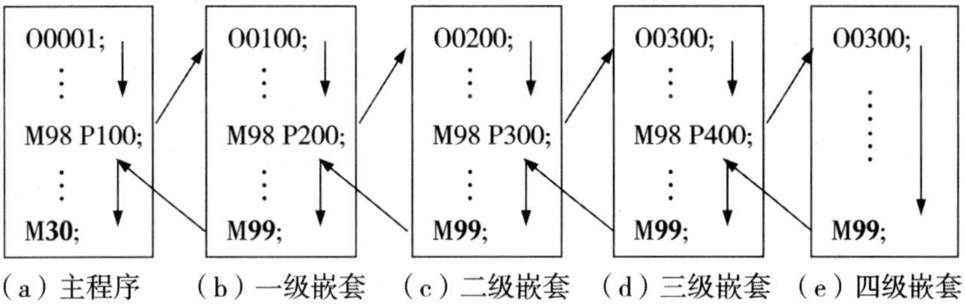

图 2-8-2 子程序的嵌套

2. 子程序的调用

(1)子程序的格式。子程序和主程序在程序号及程序内容方面基本相同,仅结束标记不同。主程序用 M02 或 M30 表示其结束,而子程序在 FANUC 系统中则用 M99 表示子程序结束,并实现自动返回主程序功能,如下述子程序。

```
O0401;
G01 U-1.0 W0;
……
G28 U0 W0;
M99;
```

对于子程序结束指令 M99,不一定要单独书写一行,如上面子程序中最后两段可写成“G28 U0 W0 M99”。

(2)子程序在 FANUC 系统中的调用

在 FANUC 0 系列的系统中,子程序的调用可通过辅助功能指令 M98 指令进行,同时在调用格式中将子程序的程序号地址改为 P,其常用的子程序调用格式有两种。

格式一：M98 P×××× L××××；

例 1　M98 P100 L5；

例 2　M98 P100；

地址符 P 后面的四位数字为子程序号，地址 L 的数字表示重复调用的次数，子程序号及调用次数前的 0 可省略不写。如果只调用子程序一次，则地址 L 及其后的数字可省略。如上例 1 表示调用 0100 子程序 5 次，而例 2 表示调用子程序 1 次。

格式二：M98 P×××× ××××；

例 3　M98 P50010；

例 4　M98 P510；

地址 P 后面的八位数字中，前四位表示调用次数，后四位表示子程序号，采用这种调用格式时，调用次数前的 0 可以省略不写，但子程序号前的 0 不可省略。如果只调用子程序一次，则调用次数可省略不写。如例 3 表示调用 0010 子程序 5 次，而例 4 则表示调用 0510 子程序 1 次。

提示：同一系统中，两种子程序调用格式不能混合使用。如图 2-8-3 所示。

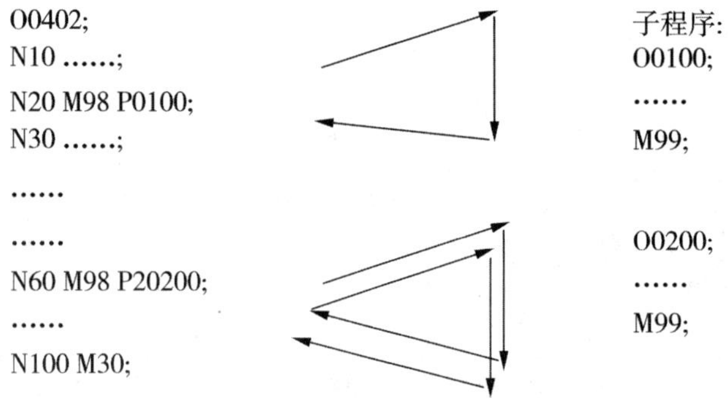

图 2-8-3　子程序的执行过程

二、编写加工程序

（一）图纸分析

图样中工件需加工外圆、内孔、沟槽特征。无尺寸公差要求。内孔特征直接用钻头加工，沟槽特征用切断刀加工。

（二）选择加工参数

外圆刀：粗车吃刀量为 1 mm，转速为 800 r/min，进给量选择 0.1 mm/r。

切断刀：粗车吃刀量为 2 mm，转速为 400 r/min，进给量选择 0.1 mm/r。

中心钻加工转速为 800 r/min；麻花钻加工转速为 400 r/min。

（三）加工程序

（1）钻孔（略）。

（2）外圆加工（略）。

（3）沟槽加工。主程序加工内容如表 2-8-1 所示。

表 2-8-1　主程序加工内容

程序内容	说明
O0081；	程序名
T0202 M03 S500；	选择 2 号车刀,2 号刀补 主轴正转,转速 500 r/min
G00 X100 Z100；	快速定位到(100,100)
G00 X50 Z2.5；	快速定位到(50,2.5)
M98 P30002；	调用子程序 0002 共 3 次
G00 X100 Z100；	快速退刀
M30；	程序结束,并返回起点

子程序加工内容如表 2-8-2 所示。

表 2-8-2　子程序加工内容

程序内容	说明
O0002；	程序名
G00 W-12； G01 X24 F0.1； G00 X46；	刀具沿 Z 轴负方向移动 12 mm 切槽 退刀
G01 W-2 F0.1； W2 X24； G00 X46；	刀具沿 Z 轴负方向移动 2 mm 进给切槽 退刀
G01 W-3.35 F0.1； W3.35 X24； G00 X46；	刀具沿 Z 轴负方向移动 3.35 mm 进给切槽 退刀
G01 W2 F0.1； W-2 X24； G00 X46；	刀具沿 Z 轴正方向移动 2 mm 进给切槽 退刀
G01 W3.35 F0.1； W-3.35 X24； G00 X50；	刀具沿 Z 轴正方向移动 3.35 mm 进给切槽 退刀
M99；	子程序结束,并返回主程序

编程提示：

(1)刀具初始移动时,定位点要选准。

(2)编程时注意主程序中调用子程序的相关参数。

(3)注意子程序坐标值的表达方式。

三、零件车削实训

本任务为加工带轮零件。任务目标是熟悉 M98、M99 子程序编程指令车削加工路线，熟悉数控车削加工工作流程。

机床：CKA6150 型数控车床。

系统：FANUC Series 0i-TF。

毛坯：规格为 ϕ50 mm，材料为 45 圆钢。

刀具：硬质合金外圆车刀、3 mm 宽机夹车断刀，机夹螺纹车刀。

量具：0 ~ 150 mm 规格的游标卡尺。

注意事项：①注意切断刀的对刀点选取；②加工过程中注意观察刀具运动路径。

四、练习作业

1. 图 2-8-4 所示工件的毛坯为 ϕ30 mm 棒料，材料为 45 钢。加工该零件外轮廓。

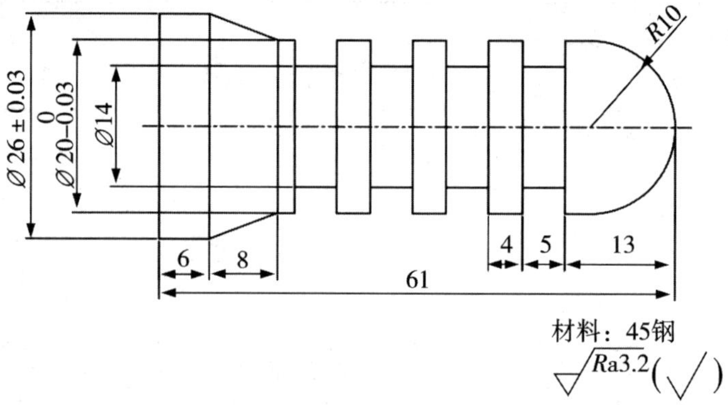

图 2-8-4 子程序作业 1

2. 图 2-8-5 所示工件的毛坯为 ϕ50 mm 棒料，材料为 45 钢。加工该零件外轮廓。

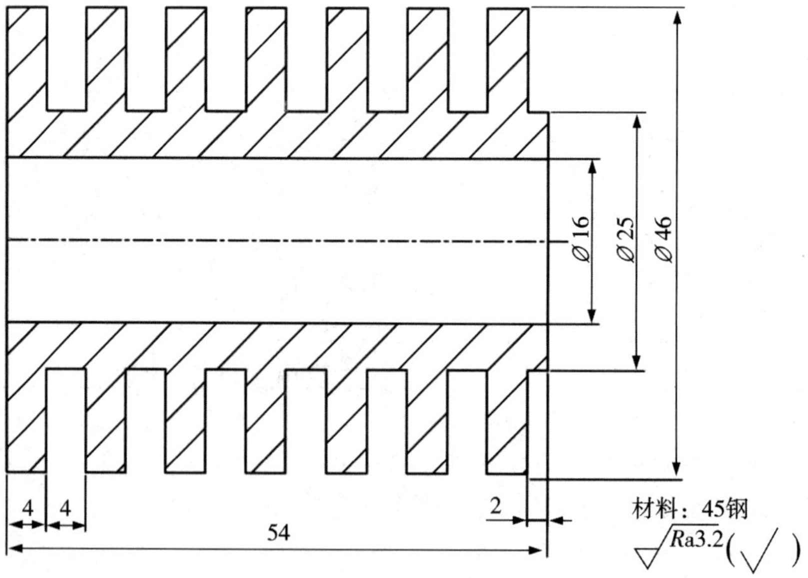

图 2-8-5 子程序作业 2

项目三 专题实训练习

任务一 数控车加工工艺分析

一、数控车床工作内容

1. 数控车床主要加工对象

数控车床的主要加工对象有精度要求高的回转体零件、表面粗糙度要求高的回转体零件、表面形状复杂的回转体零件、带特殊螺纹的回转体零件。

2. 数控车床主要工作内容

数控车削加工主要包括工艺分析、程序编制、装工件、装刀、对刀、粗加工、半精加工、精加工。其中,数控车削的工艺分析是数控车削加工顺利完成的保障。

二、数控车床加工工艺

数控车削加工工艺是采用数控车床加工零件时所运用的方法和技术手段的总和。

其主要内容包括以下几个方面:①选择并确定零件的数控车削加工内容;②对零件图纸进行数控车削加工工艺分析;③工具、夹具的选择和调整设计;④工序、工步的设计;⑤加工轨迹的计算和优化;⑥数控车削加工程序的编写、校验与修改;⑦首件试加工与现场问题的处理;⑧编制数控加工工艺技术文件。总之,数控加工工艺内容较多,有些与普通机床加工相似。

三、工艺分析内容

工艺分析是数控车削加工的前期工艺准备工作。

工艺制定得合理与否,对程序的编制、机床的加工效率和零件的加工精度都有重要影响。为了编制出一个合理、实用的加工程序,要求编程者不仅要了解数控车床的工作原理、性能特点及结构,掌握编程语言及编程格式,还应熟练掌握工件加工工艺,确定合理的切削用量,正确地选用刀具和工件装夹方法。因此,应遵循一般的工艺原则并结合数控车床的特点,认真而详细地进行数控车削加工工艺分析。

其主要内容有:零件图分析,刀具、夹具选择,切削参数选择,工序划分、确定加工顺序等。

（一）零件图分析

零件图分析是制定数控车削工艺的首要任务。主要进行尺寸标注方法分析、轮廓几何要素分析以及精度和技术要求分析。此外还应分析零件结构和加工要求的合理性，选择工艺基准。

1. 尺寸标注方法分析

零件图上的尺寸标注方法应适应数控车床的加工特点，以同一基准标注尺寸或直接给出坐标尺寸。这种标注方法既便于编程，又有利于设计基准、工艺基准、测量基准和编程原点的统一。如果零件图上各方向的尺寸没有统一的设计基准，可考虑在不影响零件精度的前提下选择统一的工艺基准。计算转化各尺寸，以简化编程计算。

2. 轮廓几何要素分析

在手工编程时，要计算每个节点坐标。

在自动编程时要对零件轮廓的所有几何元素进行定义。因此在零件图分析时，要分析几何元素的给定条件是否充分。

3. 精度和技术要求分析

对被加工零件的精度和技术要求进行分析，是零件工艺性分析的重要内容，只有在分析零件尺寸精度和表面粗糙度的基础上，才能正确合理地选择加工方法、装夹方式、刀具及切削用量等。

其主要内容包括：分析精度及各项技术要求是否齐全、是否合理；分析本工序的数控车削加工精度能否达到图纸要求，若达不到，允许采取其他加工方式弥补时，应给后续工序留有余量；对图纸上有位置精度要求的表面，应保证在一次装夹下完成；对表面粗糙度要求较高的表面，应采用恒线速度切削（注意：在车削端面时，应限制主轴最高转速）。

（二）刀具、夹具选择

1. 工件的装夹与定位

在数控车床上装夹工件时，应使工件相对于车床主轴轴线有一个确定的位置，并且在工件受到各种外力的作用下，仍能保持其既定位置。数控车削加工中尽可能做到一次装夹后能加工出全部或大部分待加工表面，尽量减少装夹次数，以提高加工效率，保证加工精度。

对于轴类零件，通常以零件自身的外圆柱面作定位基准；对于套类零件，可以以内孔为定位基准。数控车床夹具除了使用通用的三爪自动定心卡盘、四爪卡盘、液压、电动及气动夹具外，还有多种通用性较好的专用夹具。实际操作时应合理选择。数控车床常用的装夹方法见表 3-1-1。

2. 刀具选择

刀具的使用寿命除与刀具材料相关外，还与刀具的直径有很大的关系。刀具直径越大，能承受的切削用量也越大。所以在零件形状允许的情况下，采用尽可能大的刀具直径是延长刀具寿命、提高生产率的有效措施。数控车削常用的刀具一般分为 3 类，即尖形车刀、圆弧形车刀和成形车刀。

（1）尖形车刀。以直线形切削刃为特征的车刀一般称为尖形车刀。其刀尖由直线形的主、副切削刃构成，如外圆偏刀、端面车刀等。这类车刀加工零件时，零件的轮廓形状主要由一个独立的刀尖或一条直线形主切削刃位移后得到。

表 3-1-1　数控车床常用的装夹方法

序号	装夹方法	特点	适用范围
1	三爪卡盘	夹紧力较小，夹持工件时一般不需要找正，装夹速度较快	适于装夹中小型圆柱形、正三边或正六边形工件
2	四爪卡盘	夹紧力较大，装夹精度较高，不受卡爪磨损的影响，但夹持工件时需要找正	适于装夹形状不规则或大型的工件
3	两顶尖及鸡心夹头	用两端中心孔定位，容易保证定位精度，但由于顶尖细小，装夹不够牢靠，不宜用大的切削用量进行加工	适于装夹轴类零件
4	一夹一顶	定位精度较高，装夹牢靠	适于装夹轴类零件
5	中心架	配合三爪卡盘或四爪卡盘来装夹工件，可以防止弯曲变形	适于装夹细长的轴类零件
6	心轴与弹簧卡头	以孔为定位基准，用心轴装夹来加工外表面，也可以外圆为定位基准，采用弹簧卡头装夹来加工内表面，工件的位置精度较高	适于装夹内外表面的位置精度要求较高的套类零件

(2)圆弧形车刀。除可车削内外圆表面外，特别适宜于车削各种光滑连接的成型面。其特征为：构成主切削刃的刀刃形状为一圆度误差或线轮廓误差很小的圆弧，该圆弧刃的每一点都是圆弧形车刀的刀尖，因此刀位点不在圆弧上，而在该圆弧的圆心上。

(3)成形车刀。即所加工零件的轮廓形状完全由车刀刀刃的形状和尺寸决定。数控车削加工中，常用的成形车刀有小半径圆弧车刀、车槽刀和螺纹车刀等。

为了减少换刀时间和方便对刀，便于实现机械加工的标准化。数控车削加工中，应尽量采用机夹可转位式车刀。

(三)切削参数选择

数控车削加工中的切削用量包括背吃刀量 a_p、主轴转速 n(或切削速度 v)及进给速度 F(或进给量 f)。

合理选用切削用量对提高数控车床的加工质量至关重要。确定数控车床的切削用量时一定要根据机床说明书中规定的要求，以及刀具的耐用度去选择，也可结合实际经验采用类比法来确定。

一般的选择原则：粗车时，为了尽快去除加工余量，首先考虑在机床刚度允许的情况下选择尽可能大的背吃刀量 a_p；其次选择较大的进给量 f；最后再根据刀具允许的寿命确定一个合适的切削速度 v。增大背吃刀量可减少走刀次数，提高加工效率，增大进给量有利于断屑。

精车时，应着重考虑如何保证加工质量，并在此基础上尽量提高加工效率，因此宜选用较小的背吃刀量和进给量，尽可能地提高加工速度。主轴转速 n(r/min)由公式 $n=1\,000v/\pi D$(D 为工件)计算得出，也可以查表或根据实践经验确定。

(四)工序划分、确定加工顺序

(1)工序划分的原则。在数控车床上加工零件，常用的工序划分原则有两种。

1)保持精度原则。一般要求工序尽可能地集中,粗、精加工通常会在一次装夹中全部完成。为减少热变形和切削力变形对工件的形状、位置精度、尺寸精度和表面粗糙度的影响,则应将粗加工、精加工分开进行。

2)提高生产效率原则。为减少换刀次数,节省换刀时间,提高生产效率,应将需要用同一把刀加工的加工部位都完成后,再换另一把刀来加工其他部位,同时应尽量减少空行程。

(2)确定加工顺序。制定加工顺序一般遵循下列原则:

1)先粗后精。按照粗车、半精车、精车的顺序进行,逐步提高加工精度。

2)先近后远。离对刀点近的部位先加工,离对刀点远的部位后加工,以便缩短刀具移动距离,减少空行程时间。此外,先近后远车削还有利于保持坯件或半成品的刚性,改善其切削条件。

3)内外交叉。对既有内表面又有外表面需加工的零件,应先进行内外表面的粗加工,后进行内外表面的精加工。

4)基面先行。用作精基准的表面应优先加工出来,定位基准的表面越精确,装夹误差越小。

四、数控加工工艺文件

数控加工工艺文件既是数控加工、产品验收的依据,也是操作者要遵守、执行的规程,同时还为零件重复生产做了技术上的必要工艺资料积累和储备。它是编程员在编制加工程序单时做出的与程序单相关的技术文件。该文件主要包括数控加工任务书、工序卡、工步卡、数控刀具清单、零件加工程序单等。

不同的数控机床,工艺文件的内容有所不同,为了加强技术文件管理,数控加工工艺文件也应向标准化、规范化的方向发展。但目前由于种种原因国家尚未制定统一的标准,实际生产中企业根据本单位的特点制定必要的工艺文件。

1. 工、量、刀具清单

工艺分析过程中列出工、量、刀具清单的主要目的是充分准备,方便实操工作中能够快速找到所需的物品。其中刀具清单也可以单独列出,并标注刀尖半径圆角,加工部位等内容。清单填写内容如表 3-1-2 所示。

表 3-1-2 工、量、刀具清单示例

序号	名称	规格	数量	备注
1	游标卡尺	0 ~ 150 mm,精度为 0.02 mm	1	
2	千分尺	25 ~ 50 mm,50 ~ 75 mm,精度为 0.01 mm	各 1	
3	外圆车刀	93°	1	
4	外切槽刀	刃宽 3 mm	1	
5	内孔车刀	95°盲孔	1	
6	麻花钻	ϕ20 mm	1	
7	中心钻	ϕ5 mm	1	
8	辅具	莫氏钻套、钻夹头、活顶尖	各 1	
9	其他	铜棒、铜皮、毛刷等常用工具等	各 1	

2. 加工工序卡

数控车床加工工序卡是编程人员编制程序时必须遵循的基本工艺文件,同时也是指导操作人员进行数控车床操作和加工的主要资料。加工工序卡主要内容如表 3-1-3 所示。

表 3-1-3 加工工序卡示例

<table>
<tr><td colspan="3" rowspan="4">许昌科技学校
数控加工工序卡</td><td colspan="2">产品名称</td><td colspan="4">零件名称</td><td colspan="2">零件图号</td></tr>
<tr><td colspan="2"></td><td colspan="4"></td><td colspan="2"></td></tr>
<tr><td colspan="2">使用设备</td><td colspan="2">夹具名称</td><td colspan="2">毛坯尺寸</td><td colspan="2">材质</td></tr>
<tr><td colspan="2"></td><td colspan="2"></td><td colspan="2"></td><td colspan="2"></td></tr>
<tr><td rowspan="2">工步号</td><td colspan="2" rowspan="2">工步内容</td><td colspan="3">切削用量</td><td colspan="3">刀具</td><td rowspan="2">量具
名称</td><td rowspan="2">备注</td></tr>
<tr><td>主轴转速
/(r/min)</td><td>进给速度
/(mm/r)</td><td>背吃刀量
/mm</td><td colspan="2">编号</td><td>名称</td></tr>
<tr><td>1</td><td colspan="2"></td><td></td><td></td><td></td><td colspan="2"></td><td></td><td></td><td></td></tr>
<tr><td>2</td><td colspan="2"></td><td></td><td></td><td></td><td colspan="2"></td><td></td><td></td><td></td></tr>
<tr><td>3</td><td colspan="2"></td><td></td><td></td><td></td><td colspan="2"></td><td></td><td></td><td></td></tr>
<tr><td>4</td><td colspan="2"></td><td></td><td></td><td></td><td colspan="2"></td><td></td><td></td><td></td></tr>
<tr><td>5</td><td colspan="2"></td><td></td><td></td><td></td><td colspan="2"></td><td></td><td></td><td></td></tr>
<tr><td>编制</td><td></td><td>审核</td><td></td><td>批准</td><td colspan="3"></td><td>共 页</td><td colspan="2">第 1 页</td></tr>
</table>

五、数控车削加工工艺分析案例

如图 3-1-1 所示零件,零件材料为 45 钢,毛坯为 $\phi50\times100$ mm 的棒料,材料为 45 钢。要求分析其数控车削加工工艺,编制数控加工工序卡、数控车削加工刀具卡,编写加工程序,列出工量具清单并加工工件。

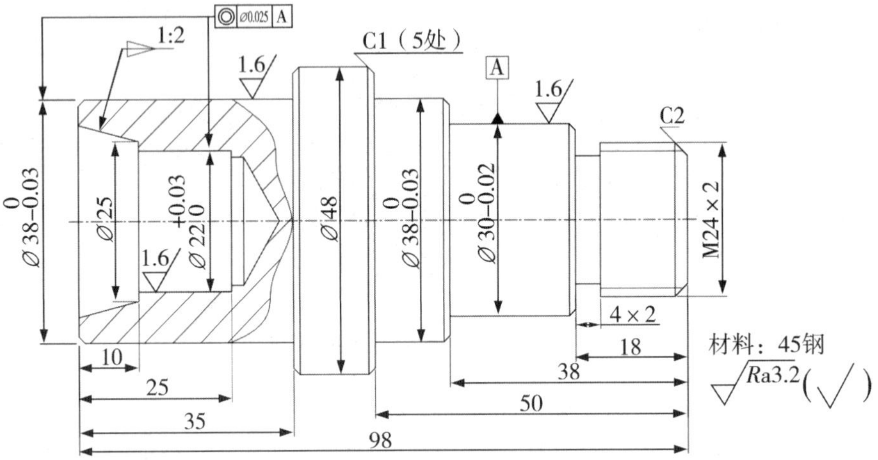

图 3-1-1 连接轴工件

(一)零件图样分析

1. 零件分析

该工件属于轴类零件,同时有外圆、沟槽、螺纹和内孔特征。零件车削加工成形轮廓的结构形状较复杂,需两头加工,零件的加工精度和表面质量要求都很高,零件材料为 45 钢,切削加工性能较好,无热处理和硬度要求。

2. 尺寸及精度分析

(1)尺寸精度:该工件尺寸标注完整,工件上重要的径向尺寸有 $\phi38^{0}_{-0.03}$、$\phi30^{0}_{-0.02}$、$\phi22^{+0.03}_{0}$ 等。

(2)形位精度:图纸上有 1 处形位公差。

(3)表面粗糙度:3 个加工面要求 $Ra1.6$,其余要求 $Ra3.2$。

(二)工件装夹方法的确定

采用通用夹具三爪卡盘进行装夹,在装夹(特别是调头装夹)过程中,一定要仔细对工件进行找正,以减小工件的同轴度误差。

(三)选择刀具及切削用量

如表3-1-4所示。

表3-1-4 数控车削用刀具及切削用量参数表

刀具名称	刀具号	加工内容	主轴转速 /(r/min)	进给量 /(mm/r)	背吃刀量 /mm
外圆粗车刀	T0101	手动车端面	600	0.1	1
		粗车外圆轮廓			
外圆精车刀		精车外圆轮廓	1 200	0.05	0.5
切槽车刀	T0202	车退刀沟槽	500	0.1	3.0
外螺纹车刀	T0303	车螺纹	500	2	分层
内孔车刀	T0404	粗车内孔	500	0.1	1.0
		精车内孔	1 000	0.05	0.5

(四)加工工艺路线的拟定

1. 编程原点的确定

为了方便对刀,工件的编程原点分别取在工件左、右端面中心。

2. 制订加工方案及加工路线

(1)夹紧左端,切削右端外圆、退刀槽、螺纹特征。

(2)掉头,夹紧右端,钻中心孔钻孔切削左端外圆、内孔特征。

具体加工工序内容详见表3-1-5。

表 3-1-5　加工工序卡示例

许昌科技学校 数控加工工序卡		产品名称		零件名称			零件图号	
				连接轴				
		使用设备		夹具名称	毛坯尺寸		材质	
		CK6140		三爪卡盘	ϕ50×100		45 钢	
工步号	工步内容	切削用量			刀具		量具名称	备注
		主轴转速 /(r/min)	进给速度 /(mm/r)	背吃刀量 /mm	编号	名称		
1	粗车右端外圆特征	600	0. 1	1	T0101	外圆车刀		
2	精车右端外圆特征	1 200	0. 05	0. 5	T0101	外圆车刀		
3	切削退刀槽	500	0. 1	3	T0202	切断刀		
4	切削螺纹	500	2	分层	T0303	螺纹刀		
5	掉头，保证总长	400						手动
6	钻中心孔	1 200				中心钻		手动
7	ϕ20 麻花钻钻孔	500				麻花钻		手动
8	粗车左端外圆特征	600	0. 1	1	T0101	外圆车刀		
9	精车左端外圆特征	1 200	0. 05	0. 5	T0101	外圆车刀		
10	粗车左端内孔特征	500	0. 1	1	T0404	内孔车刀		
11	精车左端内孔特征	1 000	0. 05	0. 5	T0404	内孔车刀		
编制	审核		批准			共　页	第 1 页	

（五）编写加工程序

右端外圆加工程序见表3-1-6。

表3-1-6　右端外圆加工程序

程序内容	说明
O0010；	程序名
T0101 M03 S600；	选择1号车刀,1号刀补 主轴正转,转速600 r/min,
G00 X100 Z100；	快速定位到换刀点(100,100)
G00 X52 Z2；	快速移动到循环起点(52,2)
G71 U1 R0.5；	定义粗车循环 U为每次背吃刀量单边1 mm R为每次退刀量单边0.5 mm
G71 P10 Q20 U1 W0 F0.1；	P10为精加工第一程序段号； Q20为精加工最后程序段号； U为精车 *X* 向双边余量1 mm； W为精车 *Z* 向双边余量0 mm； F为粗车进给速度0.1 mm/r
N10 G00 X19.8；	N10-N20外圆轮廓循环程序
G01 Z0；	
X23.8 Z-2；	
Z-18；	
X28；	
X30 Z-19；	
Z-38；	
X36；	
X38 Z-39；	
Z-50；	
X46；	
X48 Z-51；	
Z-63；	
N20 X50；	
G00 X100 Z100；	返回换刀点
M05；	主轴停转

续表 3-1-6

程序内容	说明
M00;	程序暂停
M03 S1200;	主轴正转,转速 1 200 r/min
G00 X52 Z2;	快速定位到精车循环起点(52,2)
G70 P10 Q20 F0.05;	P10 为精加工第一程序段号; Q20 为精加工最后程序段号; F 为精车进给速度 0.05 mm/r
G00 X100 Z100;	快速退刀至(100,100)
M30;	程序结束,并返回起点

退刀槽加工程序见表 3-1-7。

表 3-1-7 退刀槽加工程序

程序内容	说明
O0020;	程序名
T0202 M03 S500;	选择 2 号车刀,2 号刀补 主轴正转,转速 500 r/min,
G00 X100 Z100;	快速定位到换刀点(100,100)
G00 X32 Z-18;	快速移动到(32,-18)
G01 X20.5 F0.1;	车槽,槽底留 0.5 mm 余量
G00 X25;	退刀
W1;	向 Z 轴正方向移动 1 mm
G01 X20 F0.1;	车至槽底
W-1;	光槽底
G00 X25;	退刀
G00 X100 Z100;	快速退刀至换刀点(100,100)
M30;	程序结束,并返回起点

外螺纹加工程序见表 3-1-8。

表 3-1-8　外螺纹加工程序

程序内容	说明
O0030;	程序名
T0303 M03 S500;	选择 3 号车刀,3 号刀补 主轴正转,转速 500 r/min,
G00 X100 Z100;	快速定位到换刀点(100,100)
G00 X25 Z2;	快速移动到循环起点(25,2)
G92 X23.1 Z-18 F1.5;	螺纹循环加工
X22.5;	
X21.9;	
X21.5;	
X21.4;	
G00 X100 Z100;	快速退刀至(100,100)
M30;	程序结束,并返回起点

左端外圆加工程序见表 3-1-9。

表 3-1-9　左端外圆加工程序

程序内容	说明
O0040;	程序名
M03 S600 T0101;	主轴正转,转速 600 r/min,选择 1 号车刀,1 号刀补
G00 X100 Z100;	快速定位到换刀点(100,100)
G00 X52 Z2;	快速移动到循环切削点(52,2)
G90 X48 Z-35 F0.1;	粗车外圆
X46;	
X44;	
X42;	
X40;	
X39;	
G00 X100 Z100;	快速退刀至换刀点(100,100)
M05;	主轴停止
M00;	程序暂停

续表 3-1-9

程序内容	说明
M03 S1200;	主轴正转,转速 1 200 r/min
G00 X36 Z2;	精车外圆并倒角
G01 Z0 F0.05;	
X38 Z-1;	
Z-35;	
X46;	
X48 Z-36;	
G00 X100 Z100;	快速退刀至(100,100)
M30;	程序结束,并返回起点

左端内孔加工程序见表 3-1-10。

表 3-1-10　左端内孔加工程序

程序内容	说明
O0050;	程序名
T0404 M03 S500;	选择 4 号车刀,4 号刀补 主轴正转,转速 500 r/min,
G00 X100 Z100;	快速定位到换刀点(100,100)
G00 X18 Z2;	快速移动到循环起点(18,2)
G71 U1 R0.5;	定义粗车循环 U 为每次背吃刀量单边 1 mm R 为每次退刀量单边 0.5 mm
G71 P10 Q20 U-1 W0 F0.1 ;	P10 为精加工第一程序段号; Q20 为精加工最后程序段号; U 为精车 *X* 向双边余量 1 mm; W 为精车 *Z* 向双边余量 0 mm; F 为粗车进给速度 0.1 mm/r
N10 G00 X30; G01 Z0; X25 Z-10; X22; Z-25; N20 G01 X18;	N10-N20 内孔轮廓循环程序
G00 X100 Z100;	快速退刀至(100,100)

续表 3-1-10

程序内容	说明
M05;	主轴停止
M00;	程序暂停
M03 S1000;	主轴正转,转速 1 000 r/min
G00 X18 Z2;	快速定位到精车循环起点(18,2)
G70 P10 Q20 F0.05;	P10 为精加工第一程序段号; Q20 为精加工最后程序段号; F 为精车进给速度 0.05 mm/r
G00 X100 Z100;	快速退刀至(100,100)
M30;	程序结束,并返回起点

(六)输入程序,程序校核(略)

(七)加工准备

工、量、刀具清单见表 3-1-11。

表 3-1-11　工、量、刀具清单

序号	名称	规格	数量	备注
1	游标卡尺	0~150 mm,精度为 0.02 mm	1	
2	千分尺	25~50 mm,精度为 0.01 mm	1	
3	螺纹环规	M24×2-6H	1	
4	百分表	0~10 mm,精度为 0.01 mm	1	
5	磁性表座	V 型、万向	1	
6	内测千分尺	5~30 mm,精度为 0.01 mm	1	
7	外圆车刀	主偏角 95°	1	
8	内孔车刀	主偏角 95°	1	
9	切槽刀	刃宽 3 mm	1	
10	螺纹车刀	螺距为 2 mm	1	
11	钻头	中心钻、ϕ20 mm 麻花钻	各 1	
12	辅具	莫氏钻套、钻夹头、活顶尖	各 1	
13	其他	铜棒、铜皮、毛刷等常用工具		

六、加工实训

(1)加工案例工件。

(2)检验工件尺寸。填写加工质量记录表见表3-1-12。

表3-1-12　加工质量记录表

序号	技术要求	检测结果	备注
1	$\phi38^{0}_{-0.03}$(左)		
2	$\phi38^{0}_{-0.03}$(右)		
3	$\phi30^{0}_{-0.02}$		
4	$\phi22^{+0.03}_{0}$		
5	$\phi48$		
6	M24×2 螺纹		
7	98 mm		
8	50 mm		
9	38 mm		
10	18 mm		
11	35 mm		
12	25 mm		
13	10 mm		
14	锥度		
15	倒角		
16	表面粗糙度		

任务二　轴类零件加工训练

一、轴零件概述

功用:轴类零件是机械加工中最常见的典型零件之一。它主要起支承传动和传递转矩的作用。

结构特点:轴类零件是旋转体零件,长度大于直径,主要由内外圆柱面、内外圆锥面、螺纹、花键、键槽、沟槽及横向孔等组成。

二、轴零件的分类

根据结构形状的不同,可分为光轴、空心轴、半轴、阶台轴、花键轴、十字轴、偏心轴、曲轴及凸轮轴等,如图3-2-1所示。

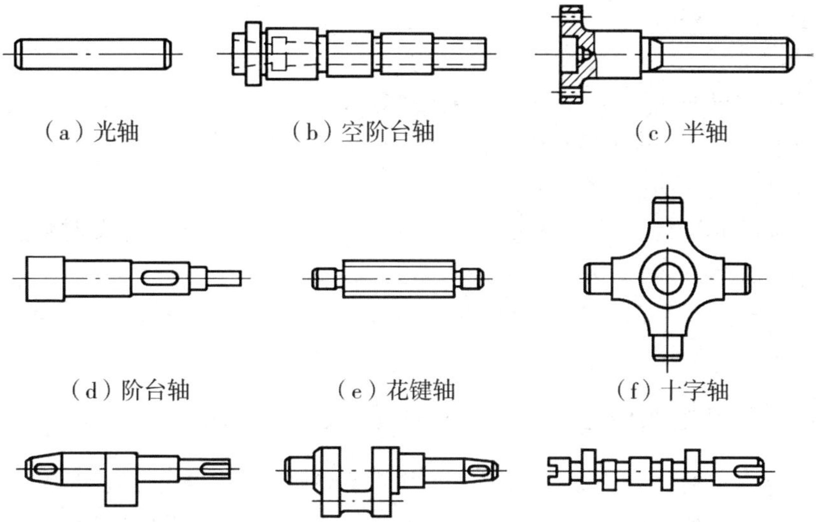

（a）光轴　（b）空阶台轴　（c）半轴

（d）阶台轴　（e）花键轴　（f）十字轴

（g）偏阶台轴　（h）曲轴　（i）凸轮轴

图3-2-1　轴的分类

三、轴零件的特点

1. 作用

起支承传动和传递转矩。

2. 形状

长度大于直径;加工表面为内外圆柱面、圆锥面、螺纹、花键、沟槽等。

3. 主要技术要求

(1)尺寸精度:轴径及内孔等配合有一定的尺寸精度要求,一般为 IT6 ~ IT9,轴向精度较低。

(2)几何形状精度:轴径、基准内孔等重要表面有圆度或圆柱度要求。

(3)位置精度:重要圆柱表面有同轴度、径向圆跳动、轴心线与基准面的垂直度、端面全跳动度要求。

(4)表面粗糙度:重要表面粗糙度值为 $Ra0.1 \sim 0.6$。

4. 材料

一般采用 45 钢。中等精度而转速较高的轴可采用 40Cr 等合金结构钢。精度较高的轴可采用 GCr15 和 65Mn 等材料。高转速、重载荷的轴选用 20CrMnTi、20Mn2B、20Cr 等材料。

5. 毛坯

一般采用圆棒料和锻件。某些大型结构复杂的用铸件。

(1)光轴、直径相差不大的阶梯轴,采用圆钢作为毛坯。

(2)直径相差较大的阶梯轴,比较重要的轴,应采用锻件。

(3)只有某些大型、结构复杂的异形轴,可采用球墨铸铁铸件。

(4)毛坯经过加热锻造后,可使金属内部纤维组织沿表面均匀分布,从而获得较高的抗拉、抗弯及抗扭强度,故一般比较重要的轴,多采用锻件。

(5)自由锻造多用于中小批生产，模锻适用于大批大量生产。

6. 热处理

锻造毛坯在机械加工前，需正火或退火热处理。

需局部表面淬火提高耐磨的轴，在淬火前安排调质处理，调质处理安排在粗车后，半精车前。表面淬火安排在精加工前。

对精度较高的轴，在局部淬火后或粗磨后，为控制尺寸稳定，需低温时效处理。对氮化钢，需在氮化前进行调质和低温时效处理。

总之，轴的精度越高，对材料及热处理要求越高，热处理次数越多。机床主轴，尤其紧密机床主轴，要求严格。

四、轴零件的工艺安排

轴类零件在机械中起着重要的作用，工作中受弯曲、扭转和交变载荷，有时还得承受一定冲击性载荷。支承轴颈处还要承受摩擦，产生摩擦热。为了保证轴件的正常工作，轴件的加工质量至关重要。这就需要解决好轴件加工的工艺问题。

工序顺序的安排原则：先粗后精，粗精分开，基准先行，防止变形。

轴类零件的加工工艺因其用途、结构形状、技术要求、产量大小的不同而存在差异，而轴的工艺规程的编制是生产中经常遇到的工作。

轴类零件加工的主要问题是如何保证各加工表面的尺寸精度、表面粗糙度和主要表面之间的相互位置精度。

轴类零件加工的典型工艺路线如下：

毛坯及其热处理→预加工→车削外圆→铣键槽等→热处理→磨削。

轴类零件常用的装夹方法如下：①在三爪卡盘自定心卡盘上装夹；②在两顶尖之间装夹；③用一夹一顶方式装夹；④用三爪自动夹紧拨盘装夹工件。

五、案例分析

图 3-2-2 所示工件的毛坯为 ϕ50 mm×98 mm 棒料，材料为 45 钢。对该工件进行工艺分析并加工。

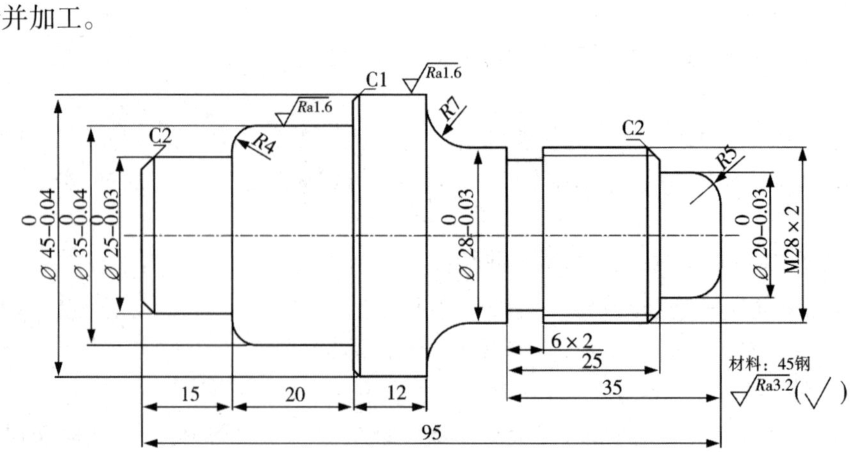

图 3-2-2 轴零件

(一)零件图样分析

1. 零件分析

该工件属于典型轴类零件,同时有外圆、沟槽和螺纹特征。零件车削加工成形轮廓的结构形状较复杂,需两头加工,零件的加工精度和表面质量要求都很高,零件材料为45钢,切削加工性能较好,无热处理和硬度要求。

2. 尺寸及精度分析

(1)尺寸精度:该工件尺寸标注完整,工件上重要的径向尺寸有$\phi20^{0}_{-0.03}$、$\phi28^{0}_{-0.03}$、$\phi25^{0}_{-0.03}$、$\phi35^{0}_{-0.04}$、$\phi45^{0}_{-0.04}$等。

(2)形位精度:图纸未标注形位公差。

(3)表面粗糙度:2个加工面要求$Ra1.6$,其余要求$Ra3.2$。

(二)工件装夹方法的确定

采用通用夹具三爪自定心卡盘进行装夹,在装夹(特别是调头装夹)过程中,一定要仔细对工件进行找正,以减小工件的位置误差。

(三)选择刀具及切削用量

如表3-2-1所示。

表3-2-1　数控车削用刀具及切削用量参数表

刀具名称	刀具号	加工内容	主轴转速/(r/min)	进给量/(mm/r)	背吃刀量/mm
外圆粗车刀	T0101	粗车外圆轮廓	600	0.1	1
		手动车端面			
外圆精车刀		精车外圆轮廓	1 200	0.05	0.5
切槽车刀	T0202	车退刀沟槽	500	0.1	3.0
外螺纹车刀	T0303	车螺纹	500	2	分层

(四)加工工艺路线的拟定

1. 编程原点的确定

为了方便对刀,工件的编程原点分别选在工件左、右端面中心。

2. 制订加工方案及加工路线

(1)夹紧右端,切削左端外圆特征。

(2)掉头,夹紧左端,切削右端外圆、退刀槽、螺纹特征。

具体加工工序内容详见表3-2-2。

表 3-2-2　加工工序卡示例

许昌科技学校 数控加工工序卡		产品名称		零件名称			零件图号	
				轴零件				
		使用设备		夹具名称		毛坯尺寸	材质	
		CK6140		三爪卡盘		ϕ50×98	45 钢	
工步号	工步内容	切削用量			刀具		量具名称	备注
		主轴转速/(r/min)	进给速度/(mm/r)	背吃刀量/mm	编号	名称		
1	粗车左端外圆特征	600	0.1	1	T0101	外圆车刀		
2	精车左端外圆特征	1 200	0.05	0.5	T0101	外圆车刀		
3	掉头，保证总长	600						手动
4	粗车右端外圆特征	600	0.1	1	T0101	外圆车刀		
5	精车右端外圆特征	1 200	0.05	0.5	T0101	外圆车刀		
6	切削退刀槽	500	0.1	3	T0202	切断刀		
7	切削螺纹	500	2	分层	T0303	螺纹刀		
编制	审核		批准			共　页	第 1 页	

（五）编写加工程序

左端外圆加工程序见表 3-2-3。

表 3-2-3　左端外圆加工程序

程序内容	说明
O0010；	程序名
T0101 M03 S600；	选择 1 号车刀，1 号刀补 主轴正转，转速 600 r/min，
G00 X100 Z100；	快速定位到换刀点（100，100）
G00 X52 Z2；	快速移动到循环起点（52，2）
G71 U1 R0.5；	定义粗车循环 U 为每次背吃刀量单边 1 mm； R 为每次退刀量单边 0.5 mm
G71 P10 Q20 U1 W0 F0.1；	P10 为精加工第一程序段号； Q20 为精加工最后程序段号； U 为精车 *X* 向双边余量 1 mm； W 为精车 *Z* 向双边余量 0 mm； F 为粗车进给速度 0.1 mm/r
N10 G00 X21；	N10-N20 外圆轮廓循环程序
G01 Z0；	
X25 Z-2；	
Z-15；	
X27；	
G03 X35 Z-19 R4；	
G01 Z-35；	
X43；	
X45 Z-36；	
Z-48；	
N20 X50；	
G00 X100 Z100；	返回换刀点
M05；	主轴停转
M00；	程序暂停
M03 S1200；	主轴正转，转速 1 200 r/min
G00 X52 Z2；	快速定位到 精车循环起点（52，2）

续表 3-2-3

程序内容	说明
G70 P10 Q20 F0.05;	P10 为精加工第一程序段号; Q20 为精加工最后程序段号; F 为精车进给速度 0.05 mm/r
G00 X100 Z100;	快速退刀至(100,100)
M30;	程序结束,并返回起点

右端外圆加工程序见表 3-2-4。

表 3-2-4 右端外圆加工程序

程序内容	说明
O0020;	程序名
T0101 M03 S600;	选择 1 号车刀,1 号刀补 主轴正转,转速 600 r/min,
G00 X100 Z100;	快速定位到换刀点(100,100)
G00 X52 Z2;	快速移动到循环起点(52,2)
G71 U1 R0.5;	定义粗车循环 U 为每次背吃刀量单边 1 mm; R 为每次退刀量单边 0.5 mm
G71 P10 Q20 U1 W0 F0.1;	P10 为精加工第一程序段号; Q20 为精加工最后程序段号; U 为精车 *X* 向双边余量 1 mm; W 为精车 *Z* 向双边余量 0 mm; F 为粗车进给速度 0.1 mm/r
N10 G00 X10;	N10-N20 外圆轮廓循环程序
G01 Z0;	
G03 X20 Z-5 R5;	
G01 Z-10;	
X23.8;	
X27.8 Z-12;	
Z-35;	
X28;	
Z-41;	
G02 X42 Z-48 R7;	
N20 X50;	

续表 3-2-4

程序内容	说明
G00 X100 Z100;	返回换刀点
M05;	主轴停转
M00;	程序暂停
M03 S1200;	主轴正转,转速 1 200 r/min
G00 X52 Z2;	快速定位到 精车循环起点(52,2)
G70 P10 Q20 F0.05;	P10 为精加工第一程序段号; Q20 为精加工最后程序段号; F 为精车进给速度 0.05 mm/r
G00 X100 Z100;	快速退刀至(100,100)
M30;	程序结束,并返回起点

退刀槽加工程序见表 3-2-5。

表 3-2-5　退刀槽加工程序

程序内容	说明
O0030;	程序名
T0202 M03 S500;	选择 2 号车刀,2 号刀补 主轴正转,转速 500 r/min,
G00 X100 Z100;	快速定位到换刀点(100,100)
X30 Z-35;	快速移动到(30,-35)
G01 X24.5 F0.1;	车槽,留 0.5 mm 余量
G00 X30;	退刀
W2;	向 Z 轴正方向移动 2 mm
G01 X24.5 F0.1;	车槽,留 0.5 mm 余量
G00 X30;	退刀
W1;	向 Z 轴正方向移动 1 mm
G01 X24 F0.1;	车至槽底
W-3;	光槽底
G00 X30;	退刀
G00 X100 Z100;	快速退刀至换刀点(100,100)
M30;	程序结束,并返回起点

外螺纹加工程序见表 3-2-6。

表 3-2-6 外螺纹加工程序

程序内容	说明
O0040;	程序名
T0303 M03 S500;	选择 3 号车刀,3 号刀补 主轴正转,转速 500 r/min,
G00 X100 Z100;	快速定位到换刀点(100,100)
G00 X29 Z2;	快速移动到循环起点(29,2)
G92 X27.1 Z-30 F2;	螺纹循环加工
X26.5;	
X25.9;	
X25.5;	
X25.4;	
G00 X100 Z100;	快速退刀至(100,100)
M30;	程序结束,并返回起点

(六)输入程序,程序校核(略)

(七)加工准备

工、量、刀具清单见表 3-2-7。

表 3-2-7 工、量、刀具清单

序号	名称	规格	数量	备注
1	游标卡尺	0~150 mm,精度为 0.02 mm	1	
2	千分尺	25~50 mm,精度为 0.01 mm	1	
3	螺纹环规	M28×2-6H	1	
4	百分表	0~10 mm,精度为 0.01 mm	1	
5	磁性表座	V 型、万向	1	
6	外圆车刀	主偏角 95°	1	
7	切槽刀	刃宽 3 mm	1	
8	螺纹车刀	螺距为 2 mm	1	
9	其他	铜棒、铜皮、毛刷等常用工具		

（八）加工实训（略）

（九）质量检测

加工质量记录表见表 3-2-8。

表 3-2-8　加工质量记录表

序号	技术要求	检测结果	备注
1	$\phi 20^{0}_{-0.03}$		
2	$\phi 28^{0}_{-0.03}$		
3	$\phi 25^{0}_{-0.03}$		
4	$\phi 35^{0}_{-0.04}$		
5	$\phi 45^{0}_{-0.04}$		
6	M28×2		
7	95 mm		
8	35 mm		
9	25 mm		
10	15 mm		
11	20 mm		
12	12 mm		
13	倒角		
14	倒圆角		
15	表面粗糙度		

六、练习作业

1. 图 3-2-3 所示工件的毛坯为 $\phi 50$ mm×90 mm 棒料，材料为 45 钢。试进行工艺分析并加工该零件。

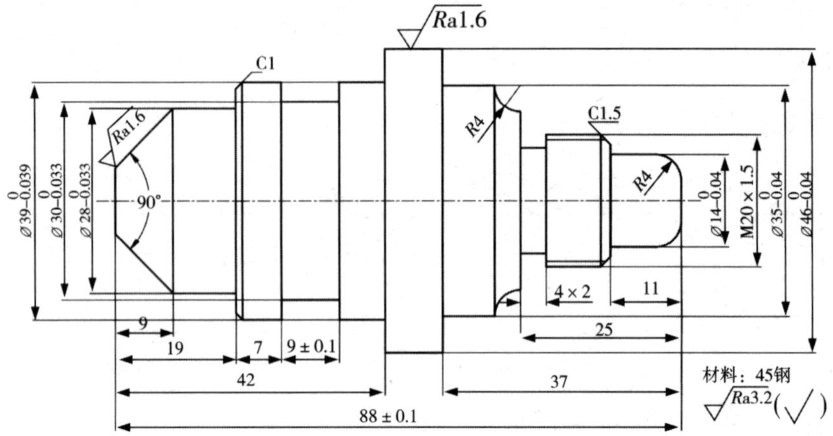

图 3-2-3　作业 1

2. 图 3-2-4 所示工件的毛坯为 ϕ50 mm×118 mm 棒料，材料为 45 钢。试进行工艺分析并加工该零件。

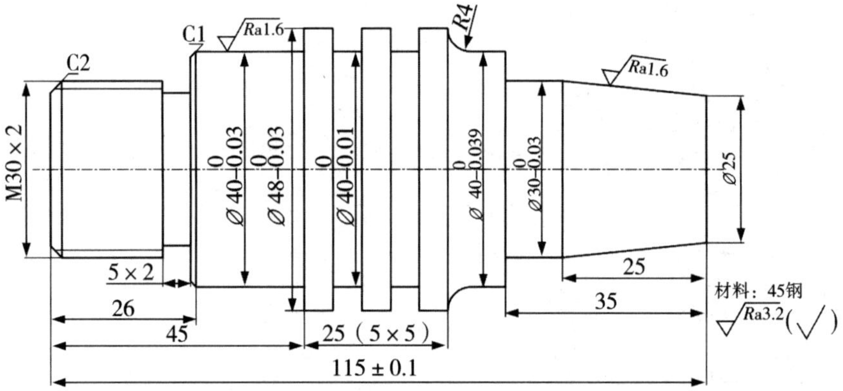

图 3-2-4　作业 2

任务三　盘套类零件加工训练

一、盘套类零件概述

1. 盘套零件的结构特点

盘类零件一般是指径向尺寸比轴向尺寸大的零件。套类零件一般是指以内孔为主要特征的零件。

机器上各种零件如齿轮、带轮、法兰盘、端盖、联轴节、轴承环、衬套、轴承套等都属于盘套零件，因支承和配合的需要，盘套零件一般有内孔。

镗孔、内沟槽和内三角螺纹是盘套类零件常见的加工难点。

2. 毛坯选择

套类零件的毛坯主要根据零件材料、形状结构、尺寸大小及生产批量进行选择。

孔径较小时,可选棒料,也可采用实心铸件。孔径较大时,可选用带预制孔的铸件或锻件。壁厚较小且较均匀时,还可选用管料。

当生产批量较大时,还可采用挤压和粉末冶金等先进毛坯制造工艺,可在毛坯精度提高的基础上提高生产率,节约用材。

二、盘套类零件技术要求

盘套类零件一般用于以下几个方面:传递动力、改变速度、转换方向、支承、连接、轴向定位、密封或导向作用。

一般盘套类零件的主要技术要求:①内孔及外圆的尺寸精度、表面粗糙度及圆度要求;②对支承用端面有较高平面度及轴向尺寸精度和两端面平行度要求;③外圆、内孔之间的同轴度要求;④对转接作用中的内孔等有与平面的垂直度要求。

三、盘套类零件加工工艺

(一)加工套类零件的加工工艺原则

(1)粗加工、精加工应分开进行。

(2)尽量采用轴向压紧,如果采用径向夹紧时,应使径向夹紧力分布均匀。

(3)热处理工序应安排在粗加工、精加工之间进行。

(4)中小型套类零件的内外圆表面及端面应尽量在一次安装中加工出来。

(5)在安排孔和外圆加工顺序时,应尽量采用先加工内孔,然后以内孔定位(用小锥度芯轴定位)加工外圆的加工顺序。

(6)车削薄壁套类零件时,车削刀具应选择较大的主偏角,以减小背向力,防止工件变形。

在盘套类零件加工中,孔的加工占很大比重。

(二)孔的加工方法

孔的加工方法归纳起来可分为两类:一类是对实体工件进行孔加工,即从实体上加工出孔;另一类是对已有的孔进行半精加工和精加工。

具体的加工方法可分为钻孔(包括钻中心孔、扩孔)、车孔和铰孔等。

内孔的加工特点:①孔加工观察切削情况很困难;②刀杆尺寸由于受孔径和孔深的限制,不能做得太粗,又不能太短,因此刚性很差;③排屑和冷却困难;④孔的测量比外圆困难。

(三)钻孔

1. 钻孔

钻孔是用钻头在实体材料上加工孔的方法,通常采用麻花钻在钻床或车床上进行钻孔。由于钻头强度和刚性比较差,排屑较困难,切削液不易注入,因此,钻孔属粗加工,可达到的尺寸精度等级为 IT13 ~ IT11 级,表面粗糙度为 $Ra50 \sim 12.5\ \mu m$。

钻头主要用于在实心材料上钻孔(有时也用于扩孔)。根据钻头构造及用途不同,可分为麻花钻、扁钻及深孔钻等。

2. 麻花钻

麻花钻是钻孔最常用的刀具,按制造材料分,有高速钢麻花钻和硬质合金麻花钻两种。

标准麻花钻的结构由工作部分、柄部和颈部三部分组成。

对于精度要求不高的内孔,可用麻花钻直接钻出。对于精度要求较高的孔,钻孔后还要再经过扩孔或车孔、铰孔才能完成。

在选用麻花钻时应留出下道工序的加工余量;一般应使麻花钻螺旋槽部分略长于孔深,麻花钻过长则刚性差。

由于高速切削的发展,镶硬质合金的钻头也得到了广泛应用。

3. 钻孔工艺特点

(1)钻头容易偏斜,麻花钻钻头细长,刚性差,钻入时易被引偏,造成孔轴线的不直或歪斜。

(2)孔径容易扩大,主切削刃不对称、不等长,会造成钻削时径向力不相等,导致孔径的扩大。

(3)孔壁粗糙,钻屑较宽,流出时与孔壁发生剧烈摩擦而刮伤已加工表面。

(4)轴向抗力大。

对于精度要求不高的孔,如螺栓的贯穿孔、油孔以及螺纹底孔等,可直接进行钻孔。

4. 钻削时的切削用量

(1)背吃刀量(a_p)。钻孔时的背吃刀量是钻头直径的1/2。

(2)切削速度(v_c)。钻孔时的切削速度是指麻花钻主切削刃外缘处的线速度。

$$v_c=\frac{\pi Dn}{1\,000}$$

式中:v_c 表示切削速度,m/min;D 表示钻头的直径,mm;n 表示主轴转速,r/min。

用高速钢麻花钻钻钢料时,切削速度一般选 $v_c=15\sim30$ m/min;钻铸铁时 $v_c=10\sim25$ m/min。

(3)进给量(f)。在车床上钻孔时,工件转1周,钻头沿轴向移动的距离为进给量。用手慢慢转动尾座手轮来实现麻花钻的进给运动,进给量太大会使钻头折断,一般选 $f=(0.01\sim0.02)d$,钻铸铁时进给量略大些。

5. 钻孔时的注意事项

(1)在钻孔前,必须把端面车平。

(2)钻头装入尾座套筒后,必须检查钻头轴线是否和工件的旋转轴线重合。

(3)当使用细长钻头钻孔时,钻前应该用中心钻定心。

(4)钻较深的孔时,要经常把钻头退出清除切屑。

(5)钻通孔快要钻透时,要减少进给量。

(6)钻钢料时,必须浇注充分的切削液。

(7)钻了一段深度以后,应该把钻头退出,停机测量孔径。

(8)把钻头引向工件端面时,引入力不可过大。

(9)当钻头长度较大但是要求不高的通孔时,可以调头钻孔。

（四）车内孔

（1）车内孔是一种常用的孔加工方法。车孔就是把预制孔如铸造孔、锻造孔或用钻、扩等方式加工出来的孔再加工到更高的精度和更低的表面粗糙度。

在车床上可车削加工通孔、台阶孔和盲孔。车孔既可作半精加工，也可作精加工。车孔时，可加工的直径范围很广。

车孔精度一般可达 IT8～IT7 级，表面粗糙度为 *Ra* 3.2～0.8 μm，精车可达到更小（<*Ra* 0.8 μm）。

（2）车孔的关键技术是解决内孔车刀的刚性和排屑问题。

1）尽量增加刀杆的截面积。

2）刀杆地伸出长度尽可能缩短，使刀杆伸出长度略大于孔深即可。

3）为了使内孔车刀的后面既不和工件孔面发生干涉和摩擦，也不使内孔车刀的后角磨得过大时削弱刀尖强度，内孔车刀的后面一般磨成两个后角的形式。

4）为了使已加工表面不至于被切屑划伤，通孔的内孔车刀最好磨成正刃倾角，切屑流向待加工表面（前排屑）。不通孔的内孔车刀当然无法从前端排屑，只能从后端排屑，所以刃倾角一般取-2°～0°。

四、案例分析

图 3-3-1 所示工件的毛坯为 $\phi 50\times 37$ mm 棒料，材料为 45 钢。试进行工艺分析并加工该零件。

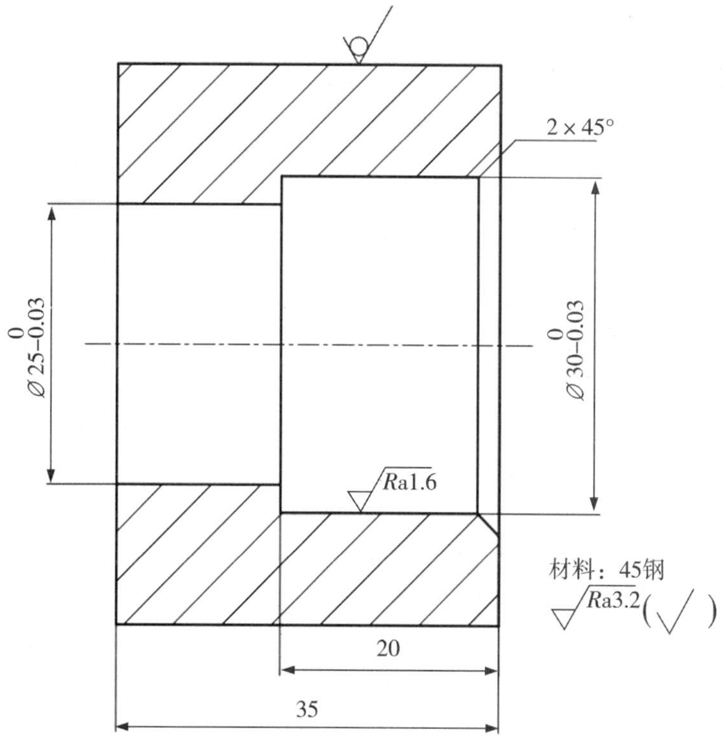

图 3-3-1 内孔加工工件

(一)零件图样分析

1. 零件分析

该工件仅需要加工内孔特征。零件材料为45钢,切削加工性能较好,无热处理和硬度要求。

2. 尺寸及精度分析

(1)尺寸精度:该工件尺寸标注完整,工件上重要的径向尺寸有 $\phi25_{0}^{+0.03}$、$\phi30_{0}^{+0.03}$ 两处。

(2)形位精度:图纸未标注形位公差。

(3)表面粗糙度:1个加工面要求 $Ra1.6$,其余要求 $Ra3.2$。

(二)工件装夹方法的确定

采用通用夹具三爪自定心卡盘进行装夹。

(三)选择刀具及切削用量

如表3-3-1所示。

表3-3-1 数控车削用刀具及切削用量参数表

刀具名称	刀具号	加工内容	主轴转速/(r/min)	进给量/(mm/r)	背吃刀量/mm
外圆粗车刀	T0101	手动车端面	600		
内孔车刀	T0404	粗车内孔	500	0.1	1.0
		精车内孔	1 000	0.05	0.5

(四)加工工艺路线的拟定

(1)夹紧左端,钻中心孔。

(2)$\phi20$ 钻头钻孔,打通。

(3)车刀加工内孔特征。

具体加工工序内容详见表3-3-2。

表 3-3-2　加工工序卡

<table>
<tr><td colspan="2" rowspan="4">许昌科技学校
数控加工工序卡</td><td colspan="2">产品名称</td><td colspan="3">零件名称</td><td colspan="2">零件图号</td></tr>
<tr><td colspan="2"></td><td colspan="3">内孔加工工件</td><td colspan="2"></td></tr>
<tr><td colspan="2">使用设备</td><td colspan="2">夹具名称</td><td>毛坯尺寸</td><td colspan="2">材质</td></tr>
<tr><td colspan="2">CK6140</td><td colspan="2">三爪卡盘</td><td>ϕ50×85</td><td colspan="2">45 钢</td></tr>
<tr><td rowspan="2">工步号</td><td rowspan="2">工步内容</td><td colspan="3">切削用量</td><td colspan="2">刀具</td><td rowspan="2">量具
名称</td><td rowspan="2">备注</td></tr>
<tr><td>主轴转速
/(r/min)</td><td>进给速度
/(mm/r)</td><td>背吃刀量
/mm</td><td>编号</td><td>名称</td></tr>
<tr><td>1</td><td>车端面</td><td>600</td><td></td><td></td><td>T0101</td><td>外圆车刀</td><td></td><td>手动</td></tr>
<tr><td>2</td><td>钻中心孔</td><td>1 000</td><td></td><td></td><td></td><td>中心钻</td><td></td><td></td></tr>
<tr><td>3</td><td>ϕ20 钻头钻孔</td><td>500</td><td></td><td></td><td></td><td>ϕ20 麻花钻</td><td></td><td></td></tr>
<tr><td>4</td><td>粗车左端内孔特征</td><td>500</td><td>0.1</td><td>1</td><td>T0404</td><td>内孔车刀</td><td></td><td></td></tr>
<tr><td>5</td><td>精车左端内孔特征</td><td>1 000</td><td>0.05</td><td>0.5</td><td>T0404</td><td>内孔车刀</td><td></td><td></td></tr>
<tr><td>6</td><td>掉头，保证总长</td><td>600</td><td></td><td></td><td>T0101</td><td>外圆车刀</td><td></td><td>手动</td></tr>
<tr><td>编制</td><td>审核</td><td></td><td>批准</td><td colspan="2"></td><td>共　页</td><td colspan="2">第 1 页</td></tr>
</table>

（五）编写加工程序

内孔加工程序见表3-3-3。

表3-3-3　内孔加工程序

程序内容	说明
O0010;	程序名
T0404 M03 S500;	选择4号车刀,4号刀补 主轴正转,转速500 r/min,
G00 X100 Z100;	快速定位到换刀点(100,100)
G00 X18 Z2;	快速移动到循环起点(18,2)
G71 U1 R0.5;	定义粗车循环 U为每次背吃刀量单边1 mm; R为每次退刀量单边0.5 mm
G71 P10 Q20 U-1 W0 F0.1 ;	P10为精加工第一程序段号; Q20为精加工最后程序段号; U为精车X向双边余量1 mm; W为精车Z向双边余量0 mm; F为粗车进给速度0.1 mm/r
N10 G00 X34;	N10-N20内孔轮廓循环程序
G01 Z0;	
X30 Z-2;	
Z-20;	
X25;	
Z-35;	
N20 X18;	
G00 X100 Z100;	快速退刀至换刀点(100,100)
M05;	主轴停止
M00;	程序暂停
M03 S1000;	主轴正转,转速1 000 r/min
G00 X18 Z2;	快速定位到 精车循环起点(18,2)
G70 P10 Q20 F0.05;	P10为精加工第一程序段号; Q20为精加工最后程序段号; F为精车进给速度0.05 mm/r
G00 X100 Z100;	快速退刀至(100,100)
M30;	程序结束,并返回起点

(六)输入程序,程序校核(略)

(七)加工准备

工、量、刀具清单见表 3-3-4。

表 3-3-4　工、量、刀具清单

序号	名称	规格	数量	备注
1	游标卡尺	0 ~ 150 mm,精度为 0.02 mm	1	
2	内测千分尺	5 ~ 30 mm,精度为 0.01 mm	1	
3	外圆车刀	主偏角 95°	1	平端面
4	内孔车刀	主偏角 95°	1	
5	钻头	中心钻、ϕ20 mm 麻花钻	各 1	
6	其他	铜棒、毛刷等常用工具		

(八)加工实训(略)

(九)质量检测

填写加工质量记录表,见表 3-3-5。

表 3-3-5　加工质量记录

序号	技术要求	检测结果	备注
1	$\phi 25_{0}^{+0.03}$		
2	$\phi 30_{0}^{+0.03}$		
3	20 mm		
4	30 mm		
5	倒角		
6	表面粗糙度		

五、练习作业

1. 图 3-3-2 所示工件的毛坯为 ϕ50 mm×57 mm 棒料,材料为 45 钢。试进行工艺分析并加工该零件。

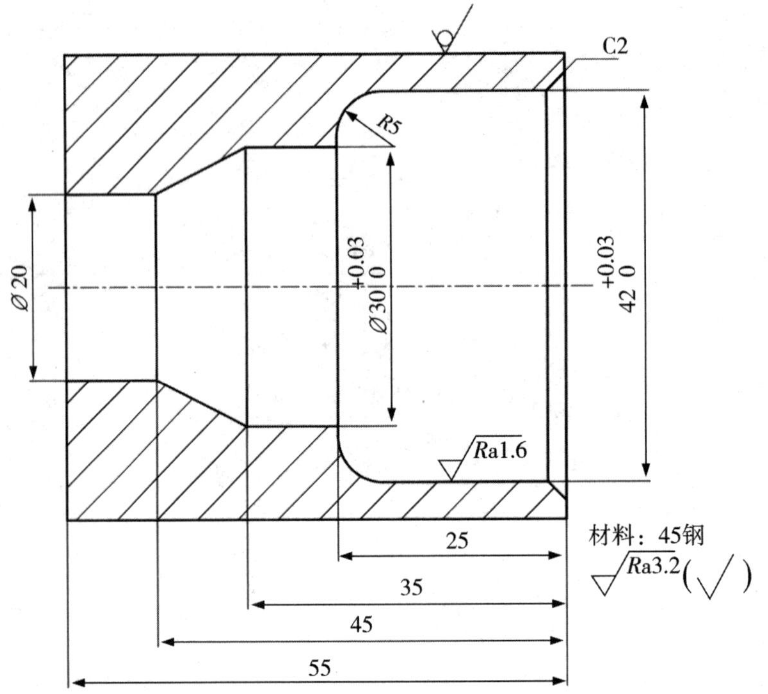

图 3-3-2 作业 1

2. 图 3-3-3 所示工件的毛坯为 ϕ50 mm×35 mm 棒料，材料为 45 钢。试进行工艺分析并加工该零件。

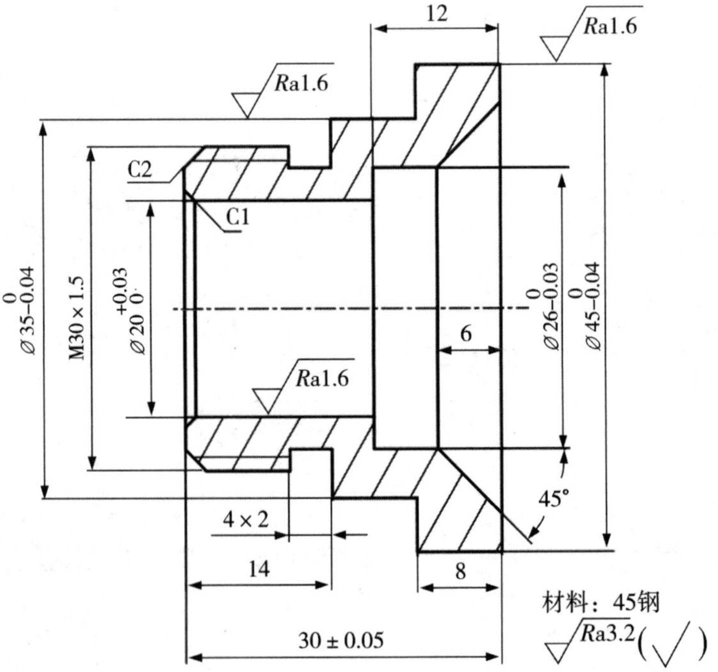

图 3-3-3 作业 2

任务四 综合性零件加工训练

任务要求：如图 3-4-1 所示工件，毛坯尺寸为 $\phi50$ mm×82 mm，材料为 45 钢，工时 180 min。

（1）对工件进行工艺分析并编写其数控车削加工程序。

（2）加工该零件并进行质量检测分析。

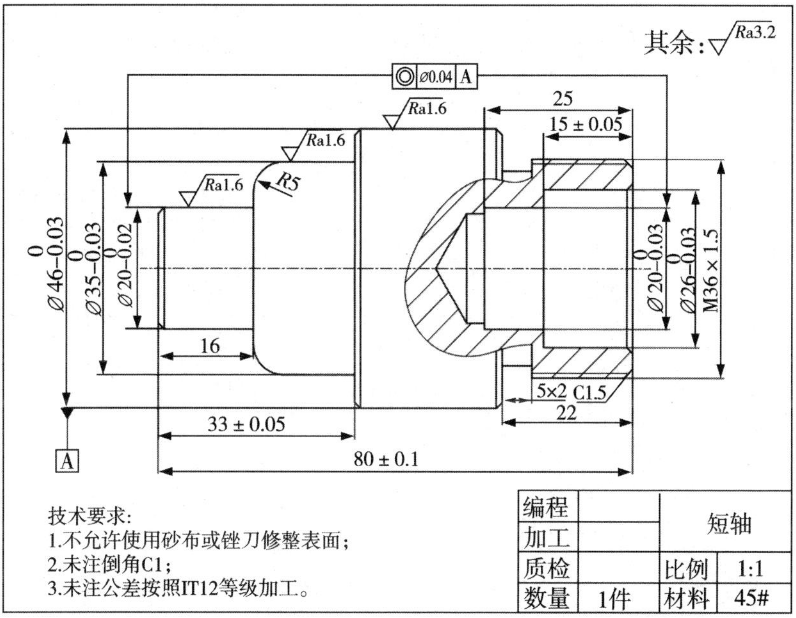

图 3-4-1 短轴

任务分析：图示零件是典型的车工加工工件，加工时需要注意保证加工精度和同轴度。

（一）零件图样分析

1. 零件分析

该工件属于轴类零件，同时有外圆、沟槽、螺纹和内孔特征。零件车削加工成形轮廓的结构形状较复杂，需两头加工，零件的加工精度和表面质量要求都很高，零件材料为 45 钢，切削加工性能较好，无热处理和硬度要求。

2. 尺寸及精度分析

（1）尺寸精度：该工件尺寸标注完整，工件上重要的径向尺寸有 $\phi46^{0}_{-0.03}$、$\phi35^{0}_{-0.02}$、$\phi20^{0}_{-0.02}$、$\phi26^{+0.03}_{0}$、$\phi20^{+0.03}_{0}$ 等。

（2）形位精度：工件上有 1 处形位公差。

(3)表面粗糙度:3 个加工面要求 $Ra1.6$,其余要求 $Ra3.2$。

(二)工件装夹方法的确定

采用通用夹具三爪卡盘进行装夹,在装夹(特别是调头装夹)过程中,一定要仔细对工件进行找正,以减小工件的位置误差。

(三)选择刀具及切削用量

如表 3-4-1 所示。

表 3-4-1 数控车削用刀具及切削用量参数表

刀具名称	刀具号	加工内容	主轴转速 /(r/min)	进给量 /(mm/r)	背吃刀量 /mm
外圆粗车刀	T0101	粗车外圆轮廓	600	0.1	1
		手动车端面			
外圆精车刀		精车外圆轮廓	1 200	0.05	0.5
切槽车刀	T0202	车退刀沟槽	500	0.1	3.0
外螺纹车刀	T0303	车螺纹	500	2	分层
内孔车刀	T0404	粗车内孔	500	0.1	1.0
		精车内孔	1 000	0.05	0.5

(四)加工工艺路线的拟定

1. 编程原点的确定

为了方便对刀,工件的编程原点分别取在端面的中心。

2. 制订加工方案及加工路线

(1)夹紧右端,切削左端外圆、内孔特征。

(2)掉头,夹紧左端,切削右端外圆、退刀槽、螺纹特征。

(3)切削右端内孔特征。

具体加工工序内容详见表 3-4-2。

表 3-4-2 加工工序卡

许昌科技学校 数控加工工序卡		产品名称		零件名称			零件图号	
				短轴				
		使用设备		夹具名称		毛坯尺寸	材质	
		CK6140		三爪卡盘		ϕ50×82	45 钢	
工步号	工步内容	切削用量			刀具		量具名称	备注
		主轴转速/(r/min)	进给速度/(mm/r)	背吃刀量/mm	编号	名称		
1	粗车左端外圆特征	600	0. 1	1	T0101	外圆车刀		
2	精车左端外圆特征	1 200	0. 05	0. 5	T0101	外圆车刀		
3	掉头，保证总长	500						手动
4	钻中心孔	1000						手动
5	ϕ18 钻头钻孔	600						手动
6	粗车右端外圆特征	600	0. 1	1	T0101	外圆车刀		
7	精车右端外圆特征	1 200	0. 05	0. 5	T0101	外圆车刀		
8	切削退刀槽	500	0. 1	3	T0202	切断刀		
9	切削螺纹	500	1. 5	分层	T0303	螺纹刀		
10	粗车右端内孔特征	500	0. 15	1	T0404	内孔车刀		
11	精车右端内孔特征	1 000	0. 05	0. 5	T0404	内孔车刀		
编制	审核		批准		共 页	第 1 页		

（五）编写加工程序

左端外圆加工程序见表3-4-3。

表3-4-3　左端外圆加工程序

程序内容	说明
O0010;	程序名
T0101 M03 S600;	选择1号车刀,1号刀补 主轴正转,转速600 r/min,
G00 X100 Z100;	快速定位到换刀点(100,100)
G00 X52 Z2;	快速移动到循环起点(52,2)
G71 U1 R0.5;	定义粗车循环 U为每次背吃刀量单边1 mm; R为每次退刀量单边0.5 mm
G71 P10 Q20 U1 W0 F0.1;	P10为精加工第一程序段号; Q20为精加工最后程序段号; U为精车X向双边余量1 mm; W为精车Z向双边余量0 mm; F为粗车进给速度0.1 mm/r
N10 G00 X18;	N10-N20外圆轮廓循环程序
G01 Z0;	
X20 Z-1;	
Z-16;	
X25;	
G03 X35 Z-21 R5;	
G01 Z-33;	
X44;	
X46 Z-34;	
Z-58;	
N20 X50;	
G00 X100 Z100;	返回换刀点
M05;	主轴停转
M00;	程序暂停
M03 S1200;	主轴正转,转速1 200 r/min

续表 3-4-3

程序内容	说明
G00 X52 Z2；	快速定位到精车循环起点(52,2)
G70 P10 Q20 F0.05；	P10 为精加工第一程序段号； Q20 为精加工最后程序段号； F 为精车进给速度 0.05 mm/r
G00 X100 Z100；	快速退刀至(100,100)
M30；	程序结束,并返回起点

右端外圆加工程序见表 3-4-4。

表 3-4-4　右端外圆加工程序

程序内容	说明
O0020；	程序名
T0101 M03 S600；	选择 1 号车刀,1 号刀补 主轴正转,转速 600 r/min,
G00 X100 Z100；	快速定位到换刀点(100,100)
G00 X52 Z2；	快速移动到循环起点(52,2)
G71 U1 R0.5；	定义粗车循环 U 为每次背吃刀量单边 1 mm； R 为每次退刀量单边 0.5 mm
G71 P10 Q20 U1 W0 F0.1；	P10 为精加工第一程序段号； Q20 为精加工最后程序段号； U 为精车 *X* 向双边余量 1 mm； W 为精车 *Z* 向双边余量 0 mm； F 为粗车进给速度 0.1 mm/r
N10 G00 X32.8；	N10-N20 外圆轮廓循环程序
G01 Z0；	
X35.8 Z-2；	
Z-22；	
X44；	
N20 X46 Z-23；	
G00 X100 Z100；	返回换刀点
M05；	主轴停转

续表 3-4-4

程序内容	说明
M00;	程序暂停
M03 S1200;	主轴正转,转速 1 200 r/min
G00 X52 Z2;	快速定位到精车循环起点(52,2)
G70 P10 Q20 F0.05;	P10 为精加工第一程序段号; Q20 为精加工最后程序段号; F 为精车进给速度 0.05 mm/r
G00 X100 Z100;	快速退刀至(100,100)
M30;	程序结束,并返回起点

退刀槽加工程序见表 3-4-5。

表 3-4-5　退刀槽加工程序

程序内容	说明
O0030;	程序名
T0202 M03 S500;	选择 2 号车刀,2 号刀补 主轴正转,转速 500 r/min,
G00 X100 Z100;	快速定位到换刀点(100,100)
G00 X48 Z-22;	快速移动到(48,-22)
G01 X32.5 F0.1;	车槽,槽底留 0.5 mm 余量
G00 X48;	退刀
W2;	向 *Z* 轴正方向移动 2 mm
G01 X32 F0.1;	车至槽底
W-2;	光槽底
G00 X48;	退刀
G00 X100 Z100;	快速退刀至换刀点(100,100)
M30;	程序结束,并返回起点

外螺纹加工程序见表 3-4-6。

表 3-4-6　外螺纹加工程序

程序内容	说明
O0040;	程序名
T0303 M03 S500;	选择 3 号车刀,3 号刀补 主轴正转,转速 500 r/min,
G00 X100 Z100;	快速定位到换刀点(100,100)
G00 X38 Z2;	快速移动到循环起点(38,2)
G92 X35.2 Z-19 F1.5;	螺纹循环加工
X34.7;	
X34.4;	
X34.2;	
X34.05;	
G00 X100 Z100;	快速退刀至(100,100)
M30;	程序结束,并返回起点

右端内孔加工程序见表 3-4-7。

表 3-4-7　右端内孔加工程序

程序内容	说明
O0050;	程序名
T0404 M03 S500;	选择 4 号车刀,4 号刀补 主轴正转,转速 500 r/min,
G00 X100 Z100;	快速定位到换刀点(100,100)
G00 X18 Z2;	快速移动到循环起点(18,2)
G71 U1 R0.5;	定义粗车循环 U 为每次背吃刀量单边 1 mm; R 为每次退刀量单边 0.5 mm
G71 P10 Q20 U-1 W0 F0.1;	P10 为精加工第一程序段号; Q20 为精加工最后程序段号; U 为精车 *X* 向双边余量 1 mm; W 为精车 *Z* 向双边余量 0 mm; F 为粗车进给速度 0.1 mm/r

续表 3-4-7

程序内容	说明
N10 G00 X28; G01 Z0; X26 Z-1; Z-15; X20; Z-25; N20 G01 X18;	N10-N20 内孔轮廓循环程序
G00 X100 Z100;	快速退刀至(100,100)
M05;	主轴停止
M00;	程序暂停
M03 S1000;	主轴正转,转速 1 000 r/min
G00 X18 Z2;	快速定位到精车循环起点(18,2)
G70 P10 Q20 F0.05;	P10 为精加工第一程序段号; Q20 为精加工最后程序段号; F 为精车进给速度 0.05 mm/r
G00 X100 Z100;	快速退刀至(100,100)
M30;	程序结束,并返回起点

(六)输入程序,程序校核(略)

(七)加工准备

工、量、刀具清单见表 3-4-8。

表 3-4-8 工、量、刀具清单

序号	名称	规格	数量	备注
1	游标卡尺	0~150 mm,精度为 0.02 mm	1	
2	千分尺	0~25 mm,25~50 mm,精度为 0.01 mm	各 1	
3	螺纹环规	M36×1.5-6H	1	
4	百分表	0~10 mm,精度为 0.01 mm	1	
5	磁性表座	V 型、万向	1	
6	内测千分尺	5~30 mm,精度为 0.01 mm	1	
7	外圆车刀	主偏角 95°	1	
8	内孔车刀	主偏角 95°	1	

续表 3-4-8

序号	名称	规格	数量	备注
9	切槽刀	刃宽 3 mm	1	
10	螺纹车刀	螺距 1.5	1	
11	钻头	中心钻、ϕ18 mm 麻花钻	各 1	
12	辅具	莫氏钻套、钻夹头、活络顶尖	各 1	
13	其他	铜棒、铜皮、毛刷等常用工具		

（八）加工实训（略）

（九）任务评价

如表 3-4-9 所示。

表 3-4-9　加工质量评分表

时限	180 min	开始时间		结束时间		总分	
	序号	鉴定内容	评分标准		分值	检测记录	得分
尺寸要求（80 分）	1	外圆 $\phi46^{0}_{-0.03}$	超差 0.01 mm 扣 2 分		8		
	2	外圆 $\phi35^{0}_{-0.03}$	超差 0.01 mm 扣 2 分		8		
	3	外圆 $\phi20^{0}_{-0.02}$	超差 0.01 mm 扣 2 分		8		
	4	内孔 $\phi26^{+0.03}_{0}$	超差 0.01 mm 扣 2 分		8		
	5	内孔 $\phi20^{+0.03}_{0}$	超差 0.01 mm 扣 2 分		8		
	6	螺纹 M36×1.5	不合格不得分		10		
	7	$15^{+0.05}_{-0.05}$	超差 0.01 mm 扣 1 分		4		
	8	$33^{+0.05}_{-0.05}$	超差 0.01 mm 扣 1 分		4		
	9	80±0.1	超差 0.01 mm 扣 1 分		4		
	10	表面粗糙度要求	一处不合格扣 1 分		5		
	11	倒角及未注尺寸公差	错、漏一处扣 1 分		8		
	12	零件整个轮廓全部完成，无缺陷	未完成不得分，1 处缺陷扣 1 分		5		
程序（10 分）	13	程序正确（语法、数据）	视严重性，每错 1 处扣 1 ~ 4 分		10		
	14	程序中工艺参数正确	视严重性，不合理处扣 1 ~ 4 分				
	15	加工工艺合理性	视严重性，不合理处扣 1 ~ 4 分				

续表 3-4-9

时限	180 min	开始时间		结束时间	总分	
机床操作（10 分）	16	机床操作规范	每错 1 次扣 1 ~ 2 分	5		
	17	工件刀具装夹正确	每错 1 次扣 1 ~ 2 分	5		
文明生产（倒扣分）	18	安全操作	出现安全事故，酌情扣 5 ~ 20 分			
	19	机床整理	根据实训课程规范，整理不合格的酌情扣分			

练习作业

1. 如图 3-4-2 所示工件，毛坯尺寸为 ϕ50 mm×78 mm，材料为 45 钢，工时 180 min。

(1) 对工件进行工艺分析并编写其数控车削加工程序。

(2) 加工该零件并进行质量检测分析。

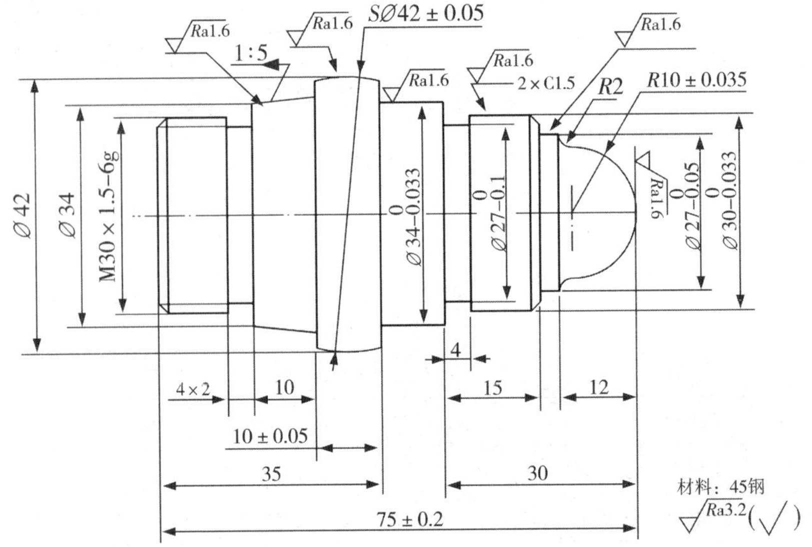

图 3-4-2　作业 1

2. 如图 3-4-3 所示工件，毛坯尺寸为 ϕ50 mm×118 mm，材料为 45 钢，工时 180 min。

(1) 对工件进行工艺分析并编写其数控车削加工程序。

(2) 加工该零件并进行质量检测分析。

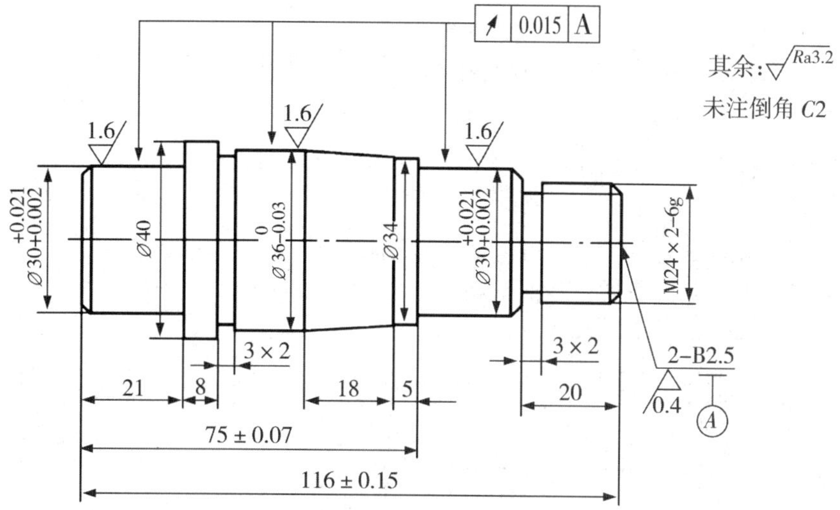

图 3-4-3　作业 2

3. 如图 3-4-4 所示工件，毛坯尺寸为 ϕ50 mm×78 mm，材料为 45 钢，工时 180 min。

（1）对工件进行工艺分析并编写其数控车削加工程序。

（2）加工该零件并进行质量检测分析。

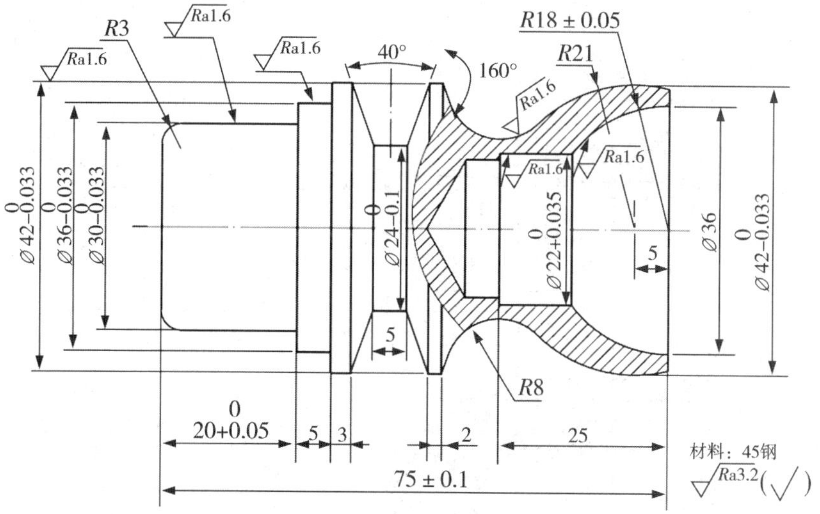

图 3-4-4　作业 3

任务五　轴套配合件加工训练

任务要求：如图 3-5-1 所示工件，毛坯尺寸为 ϕ50 mm×86 mm、ϕ50 mm×40 mm，材料为 45 钢。

(1) 对工件进行工艺分析并编写其数控车削加工程序。

(2) 加工该零件并进行质量检测分析。

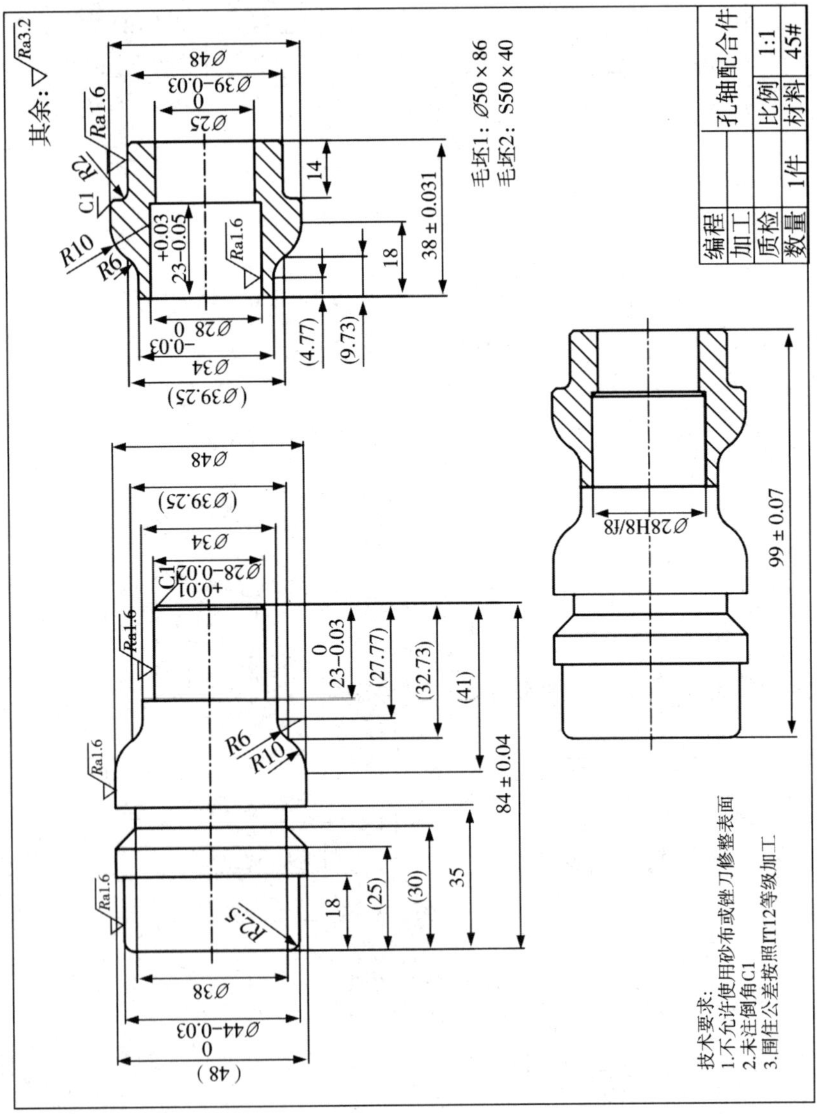

图 3-5-1　孔轴配合件

任务分析：图示零件是具有孔轴配合要求的工件，加工时需要注意保证配合要求。

（一）零件图样分析

1. 零件分析

该工件属于轴类零件，同时有外圆、沟槽和内孔特征。零件车削加工成形轮廓的结构形状较复杂，需两头加工，零件的加工精度和表面质量要求都很高。零件材料为45钢，切削加工性能较好，无热处理和硬度要求。

2. 尺寸及精度分析

（1）尺寸精度：该工件尺寸标注完整，工件上重要的径向尺寸有$\phi44^{0}_{-0.03}$、$\phi28$ 配合、$\phi39^{0}_{-0.03}$等；工件上重要的轴向尺寸有84 ± 0.04、38 ± 0.03、$23^{0}_{-0.03}$、$23^{+0.05}_{+0.03}$。

（2）形位精度：无要求。

（3）表面粗糙度：5 个加工面要求 $Ra1.6$，其余要求 $Ra3.2$。

（二）工件装夹方法的确定

采用通用夹具三爪自定心卡盘进行装夹，在装夹（特别是调头装夹）过程中，一定要仔细对工件进行找正，以减小工件的位置误差。

（三）选择刀具及切削用量

如表 3-5-1 所示。

表 3-5-1 数控车削用刀具及切削用量参数表

刀具名称	刀具号	加工内容	主轴转速 /(r/min)	进给量 /(mm/r)	背吃刀量 /mm
外圆粗车刀	T0101	粗车外圆轮廓	600	0.1	1
		手动车端面			
外圆精车刀		精车外圆轮廓	1 200	0.05	0.5
切槽车刀	T0202	车退刀沟槽	500	0.1	3.0
内孔车刀	T0404	粗车内孔	500	0.1	1.0
		精车内孔	1 000	0.05	0.5

（四）加工工艺路线的拟定

1. 编程原点的确定

为了方便对刀，工件的编程原点分别取在工件端面中心。

2. 制订加工方案及加工路线

工件 1：①夹紧左端，切削右端外圆特征；②掉头，夹紧右端，切削左端外圆特征；③切削左端槽特征。

工件 2：①夹紧左端，钻孔，切削右端外圆特征；②掉头，夹紧右端，控总长；③切削左端外圆特征；④切削内孔特征。

具体加工工序内容详见表 3-5-2。

表 3-5-2　轴零件加工工序卡

许昌科技学校 数控加工工序卡		产品名称		零件名称			零件图号	
				轴零件				
		使用设备		夹具名称		毛坯尺寸	材质	
		CK6140		三爪卡盘		ϕ50×86	45 钢	
工步号	工步内容	切削用量			刀具		量具名称	备注
		主轴转速/(r/min)	进给速度/(mm/r)	背吃刀量/mm	编号	名称		
1	粗车右端外圆特征	600	0.1	1	T0101	外圆车刀		
2	精车右端外圆特征	1 200	0.05	0.5	T0101	外圆车刀		
3	掉头，保证总长	600						手动
4	粗车左端外圆特征	600	0.1	1	T0101	外圆车刀		
5	精车左端外圆特征	1 200	0.05	0.5	T0101	外圆车刀		
6	切槽	500	0.1	3	T0202	切断刀		
编制	审核		批准			共 2 页	第 1 页	

表 3-5-3 孔零件加工工序卡

许昌科技学校 数控加工工序卡		产品名称		零件名称			零件图号	
				孔零件				
		使用设备		夹具名称		毛坯尺寸	材质	
		CK6140		三爪卡盘		$\phi50\times40$	45 钢	
工步号	工步内容	切削用量			刀具		量具名称	备注
		主轴转速/(r/min)	进给速度/(mm/r)	背吃刀量/mm	编号	名称		
1	钻中心孔	1000				中心钻		手动
2	钻头钻孔	600				Φ18 麻花钻		手动
3	粗车右端外圆特征	600	0. 1	1	T0101	外圆车刀		
4	精车右端外圆特征	1 200	0. 05	0. 5	T0101	外圆车刀		
5	掉头，保证总长	600						手动
6	粗车左端外圆特征	600	0. 1	1	T0101	外圆车刀		
7	精车左端外圆特征	1 200	0. 05	0. 5	T0101	外圆车刀		
8	粗车右端内孔特征	500	0. 1	1	T0404	内孔车刀		
9	精车右端内孔特征	1 000	0. 05	0. 5	T0404	内孔车刀		
编制	审核		批准			共 2 页	第 2 页	

（五）编写加工程序（略）

（六）输入程序，程序校核（略）

（七）加工准备

工、量、刀具清单如表 3-5-4 所示。

表 3-5-4　工、量、刀具清单

序号	名称	规格	数量	备注
1	游标卡尺	0～150 mm，精度为 0.02 mm	1	
2	千分尺	25～50 mm，精度为 0.01 mm	1	
3	百分表	0～10 mm，精度为 0.01 mm	1	
4	磁性表座	V 型、万向	1	
5	内测千分尺	5～30 mm，精度为 0.01 mm	1	
6	外圆车刀	主偏角 95°	1	
7	内孔车刀	主偏角 95°	1	
8	切槽刀	刃宽 3 mm	1	
9	钻头	中心钻、ϕ18 mm 麻花钻	各 1	
10	辅具	莫氏钻套、钻夹头、活络顶尖	各 1	
11	其他	铜棒、铜皮、毛刷等常用工具		

（八）加工实训（略）

（九）任务评价

如表 3-5-5 所示。

表 3-5-5 加工质量评分表

时限	180 min	开始时间	结束时间		总分	
	序号	鉴定内容	评分标准	分值	检测记录	得分
尺寸要求（80 分）	1	外圆 $\phi44_{-0.03}^{0}$	超差 0.01 mm 扣 2 分	8		
	2	外圆 $\phi28_{-0.02}^{-0.01}$	超差 0.01 mm 扣 2 分	8		
	3	长度 $23_{-0.03}^{0}$	超差 0.01 mm 扣 2 分	5		
	4	长度 84±0.04	超差 0.01 mm 扣 2 分	5		
	5	内孔 $\phi28_{0}^{+0.03}$	超差 0.01 mm 扣 2 分	8		
	6	外圆 $\phi39_{-0.03}^{0}$	超差 0.01 mm 扣 2 分	8		
	7	长度 $23_{+0.03}^{+0.05}$	超差 0.01 mm 扣 1 分	5		
	8	长度 38±0.03	超差 0.01 mm 扣 1 分	5		
	9	装配尺寸 ϕ28H8/f8	不合格不得分	5		
	10	装配尺寸 99±0.07	超差 0.01 mm 扣 1 分	5		
	11	表面粗糙度要求	一处不合格扣 1 分	6		
	12	倒角及未注尺寸公差	错、漏一处扣 1 分	8		
	13	零件整个轮廓全部完成，无缺陷	未完成不得分，1 处缺陷扣1 分	4		
程序（10 分）	14	程序正确（语法、数据）	视严重性，每错 1 处扣1～4 分	10		
	15	程序中工艺参数正确	视严重性，不合理处扣1～4 分			
	16	加工工艺合理性	视严重性，不合理处扣1～4 分			
机床操作（10 分）	17	机床操作规范	每错一次扣 1～2 分	5		
	18	工件刀具装夹正确	每错一次扣 1～2 分	5		
文明生产（倒扣分）	19	安全操作	出现安全事故，酌情扣5～20 分			
	20	机床整理	根据实训课程规范，整理不合格的酌情扣分			

练习作业

如图 3-5-2 所示工件，毛坯尺寸为 ϕ50 mm×78 mm，ϕ50 mm×48 mm，材料为 45 钢。

（1）对工件进行工艺分析并编写其数控车削加工程序。

（2）加工该零件并进行质量检测分析。

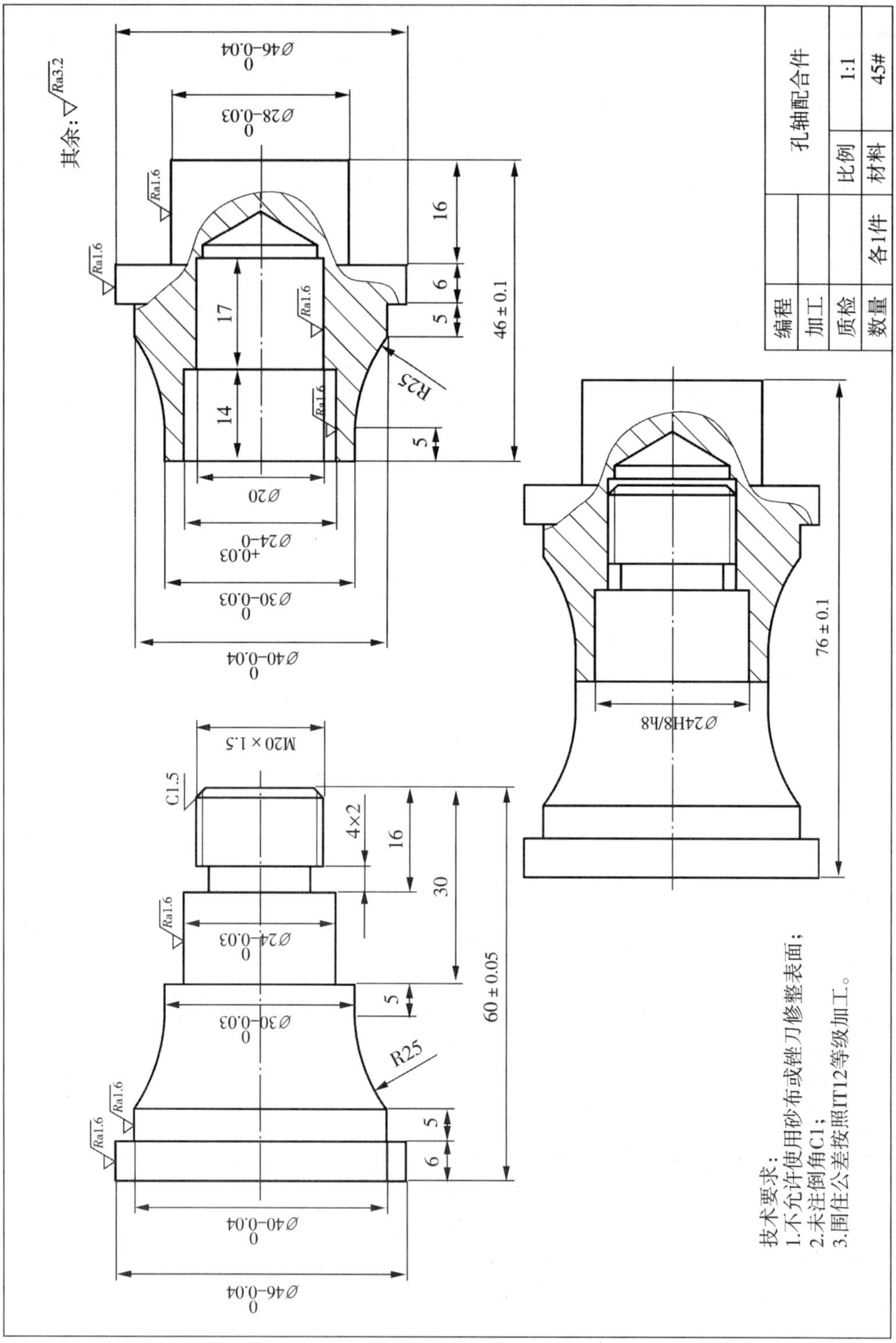

图3-5-2　孔轴配合件作业

任务六　螺纹配合件加工训练

任务要求：如图 3-6-1 所示工件，毛坯尺寸为 ϕ50 mm×85 mm，材料为 45 钢。

（1）对工件进行工艺分析并编写其数控车削加工程序。

（2）加工该零件并进行质量检测分析。

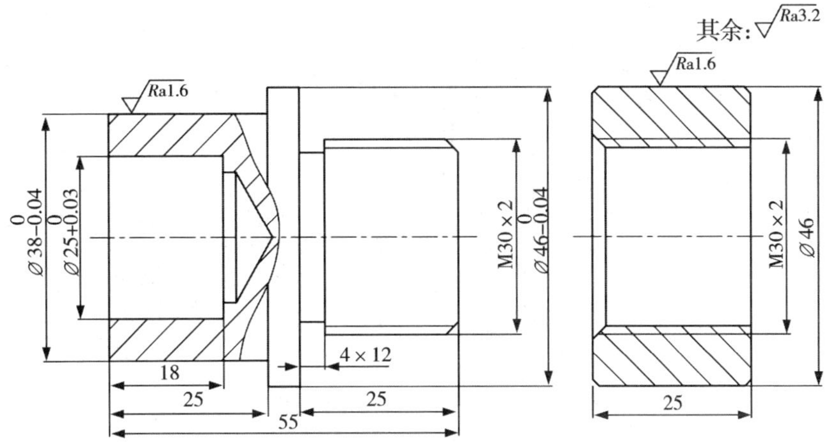

图 3-6-1　螺纹配合件

任务分析：如图 3-6-1 所示工件，在加工过程中需要重点注意螺纹配合精度。

任务评价：按照图纸要求加工工件并进行检验。

填写加工质量记录表，见表 3-6-1。

表 3-6-1　加工质量记录表

序号	技术要求	检测结果	备注
1	$\phi38^{0}_{-0.04}$		
2	$\phi46^{0}_{-0.04}$		
3	$\phi25^{+0.03}_{0}$		
4	M30×2（外）		
5	M30×2（内）		
6	M30×2（配合）		

练习作业

如图 3-6-2 所示工件，毛坯尺寸为 ϕ50 mm×68 mm、ϕ50 mm×42 mm，材料为 45 钢。

（1）对工件进行工艺分析并编写其数控车削加工程序。

（2）加工该零件并进行质量检测分析。

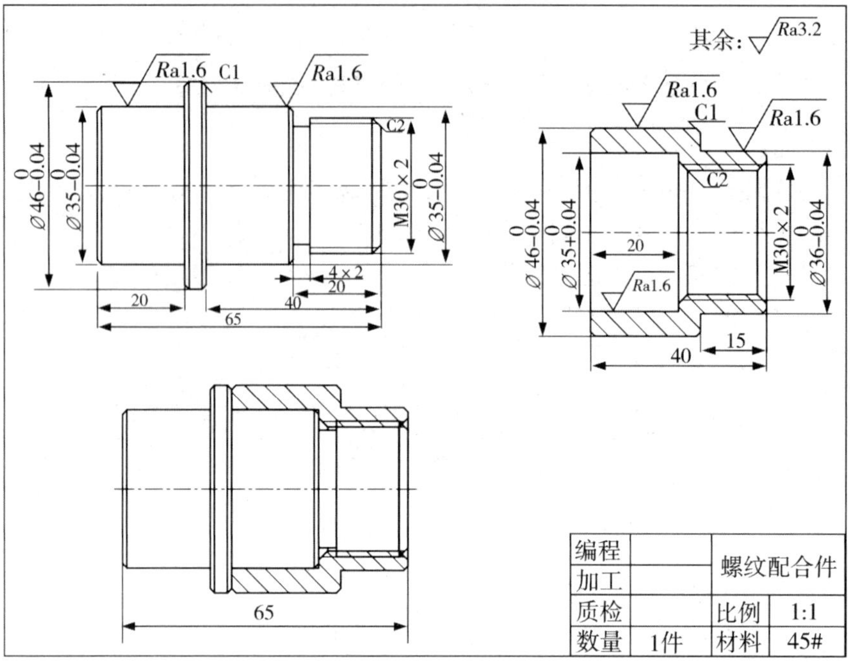

图 3-6-2 螺纹配合件作业

任务七 配合件加工综合训练

任务要求：如图 3-7-1 所示工件，毛坯尺寸为 ϕ50 mm×82 mm、ϕ50 mm×52 mm，材料为 45 钢。

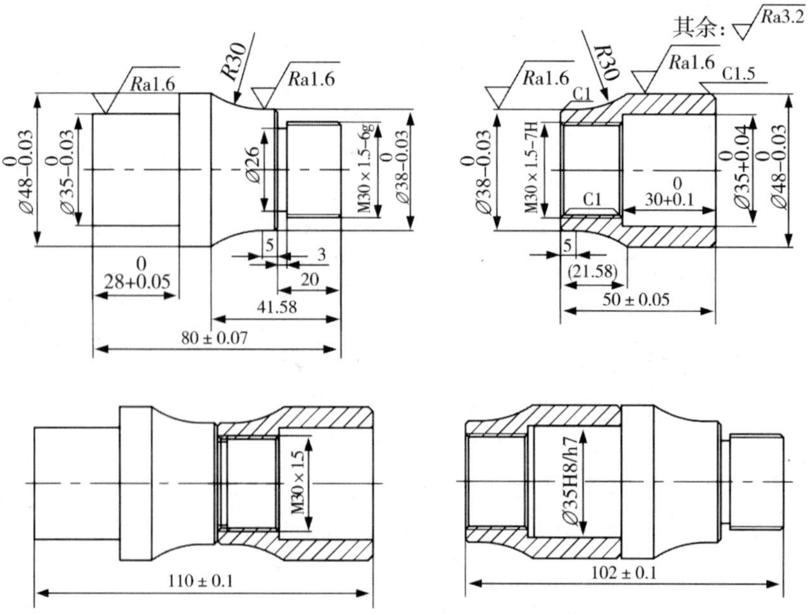

图 3-7-1 综合配合件

(1)对工件进行工艺分析并编写其数控车削加工程序。

(2)加工该零件并进行质量检测分析。

任务分析:如图 3-7-1 所示工件既有孔轴配合,又有螺纹配合,装配后还有长度配合要求。加工过程中需要注意控制尺寸精度。

任务评价:结合图纸要求进行工艺分析并加工工件,对成品工件进行检测,将数据填入表 3-7-1。

表 3-7-1　加工质量评分表

时限	180 min	开始时间		结束时间		总分	
尺寸要求(80 分)	序号	鉴定内容		评分标准	分值	检测记录	得分
	1	外圆 $\phi48^{0}_{-0.03}$		超差 0.01 mm 扣 2 分	4		
	2	外圆 $\phi35^{0}_{-0.03}$		超差 0.01 mm 扣 2 分	4		
	3	外圆 $\phi38^{0}_{-0.03}$		超差 0.01 mm 扣 2 分	4		
	4	M30×1.5(外)		不合格不得分	4		
	5	长度 $28^{+0.05}_{0}$		超差 0.02 mm 扣 1 分	4		
	6	长度 80±0.07		超差 0.02 mm 扣 1 分	4		
	7	内孔 $\phi35^{+0.04}_{0}$		超差 0.01 mm 扣 2 分	4		
	8	外圆 $\phi48^{0}_{-0.03}$		超差 0.01 mm 扣 2 分	4		
	9	外圆 $\phi38^{0}_{-0.03}$		超差 0.01 mm 扣 1 分	4		
	10	M30×1.5(内)		不合格不得分	4		
	11	长度 $30^{+0.1}_{0}$		超差 0.02 mm 扣 1 分	4		
	12	长度 50±0.05		超差 0.02 mm 扣 1 分	4		
	13	装配尺寸 M30×1.5		不合格不得分	2		
	14	装配尺寸 101±0.1		超差 0.01 mm 扣 2 分	5		
	15	装配尺寸 ϕ35H8/h7		不合格不得分	2		
	16	装配尺寸 102±0.1		超差 0.01 mm 扣 2 分	5		
	17	表面粗糙度要求		一处不合格扣 1 分	6		
	18	倒角及未注尺寸公差		错、漏一处扣 1 分	8		
	19	零件整个轮廓全部完成,无缺陷		未完成不得分,1 处缺陷扣 1 分	4		

续表 3-7-1

时限	180 min	开始时间		结束时间		总分	
程序（10 分）	20	程序正确（语法、数据）	视严重性，每错 1 处扣 1～4 分	10			
	21	程序中工艺参数正确	视严重性，不合理处扣 1～4 分				
	22	加工工艺合理性	视严重性，不合理处扣 1～4 分				
机床操作（10 分）	23	机床操作规范	每错一次扣 1～2 分	5			
	24	工件刀具装夹正确	每错一次扣 1～2 分	5			
文明生产（倒扣分）	25	安全操作	出现安全事故，酌情扣 5～20 分				
	26	机床整理	根据实训课程规范，整理不合格的酌情扣分				

练习作业

如图 3-7-2 所示工件，毛坯尺寸为 $\phi50$ mm×92 mm、$\phi50$ mm×42 mm，材料为 45 钢。

(1)对工件进行工艺分析并编写其数控车削加工程序。

(2)加工该零件并进行质量检测分析。

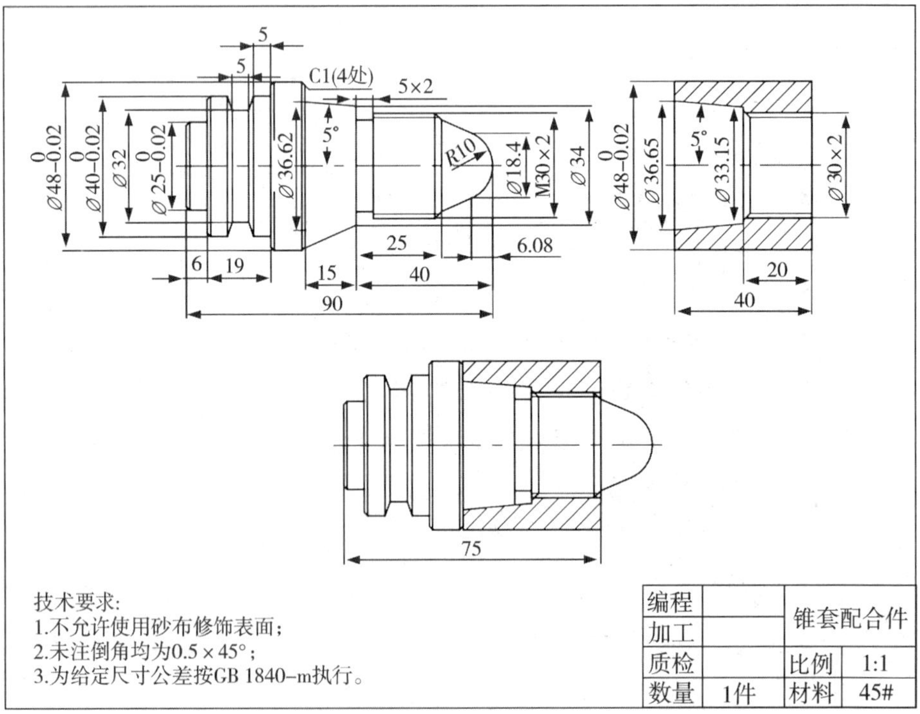

图 3-7-2　锥套配合件

任务八　数控车加工中级工训练

任务要求：加工如图 3-8-1 所示的零件，该零件的毛坯尺寸为 ϕ50 mm×85 mm，材料为 45 钢，加工时长 180 min。

(1)对工件进行工艺分析并编写其数控车削加工程序。

(2)加工该零件并进行质量检测分析。

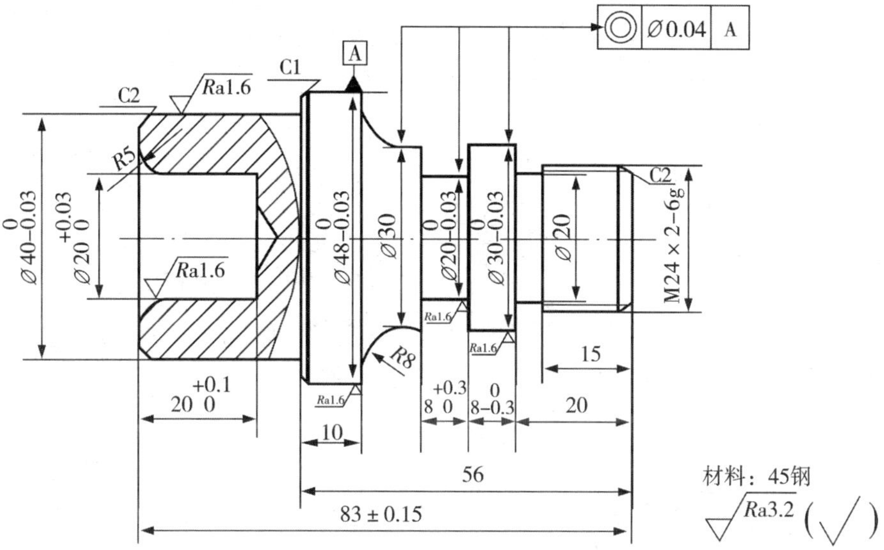

图 3-8-1　轴工件

任务分析：该工件是典型的轴类特征工件，工件上既有外轮廓特征，也有内孔特征。加工过程中需要注意保证精度要求。

任务评价：结合图纸要求进行工艺分析并加工工件，对成品工件进行检测，将数据填入表 3-8-1。

表 3-8-1　加工质量评分表

项目与配分		序号	技术要求	配分	评分标准	检测记录	得分
工件加工评分（80%）	外形轮廓	1	$\phi40^{0}_{-0.03}$ mm	5	每超差 0.01 mm 扣 2 分		
		2	$\phi48^{0}_{-0.03}$ mm	5	每超差 0.01 mm 扣 2 分		
		3	$\phi30^{0}_{-0.03}$ mm	5	每超差 0.01 mm 扣 2 分		
		4	$\phi20^{0}_{-0.03}$ mm	5	每超差 0.01 mm 扣 2 分		
		5	$8^{0}_{-0.03}$ mm	4	每超差 0.01 mm 扣 1 分		
		6	$\phi20^{0}_{-0.03}$ mm×$8^{+0.03}_{0}$ mm	4	每超差 0.01 mm 扣 1 分		
		7	M24×2-6g	5	超差不得分		
		8	$\phi20$ mm×5 mm	2	超差不得分		
		9	$R8$ mm	2	超差不得分		
		10	形位公差（3 处）	3×3	每超差 0.02 mm 扣 1 分		
		11	（83±0.15）mm	4	每超差 0.05 mm 扣 2 分		
		12	$Ra\leqslant1.6$ μm（4 处）	1×4	每处降级扣 1 分		
		13	$Ra\leqslant3.2$ μm（两处）	1×2	每处降级扣 1 分		
	内轮廓	14	$\phi20^{+0.03}_{0}$ mm	5	每超差 0.01 mm 扣 2 分		
		15	$Ra\leqslant1.6$ μm	2	降级不得分		
		16	$20^{+0.1}_{0}$ mm	4	每超差 0.05 mm 扣 2 分		
		17	$Ra\leqslant3.2$ μm（两处）	1×2	每处降级扣 1 分		
		18	$R5$ mm	2	超差不得分		
	其他	19	一般尺寸及倒角	6	每错 1 处扣 1 分		
		20	工件按时完成且无缺陷	3	未按时完成或有缺陷不得分		
程序与工艺（10%）		21	程序正确合理	5	每错 1 处扣 2 分		
		22	数控加工工艺卡	5	不合理每处扣 2 分		
机床操作（10%）		23	机床操作规范	5	每错 1 次扣 2 分		
		24	工件、刀具装夹正确	5	每错 1 次扣 2 分		
安全文明生产（倒扣分）		25	安全操作		出现安全事故停止操作或酌情倒扣 5～30 分		
		26	机床整理				
合计				100			

练习作业

1. 如图 3-8-2 所示工件的毛坯为 ϕ50 mm×82 mm 棒料，材料为 45 钢。试进行工艺分析并加工该零件。

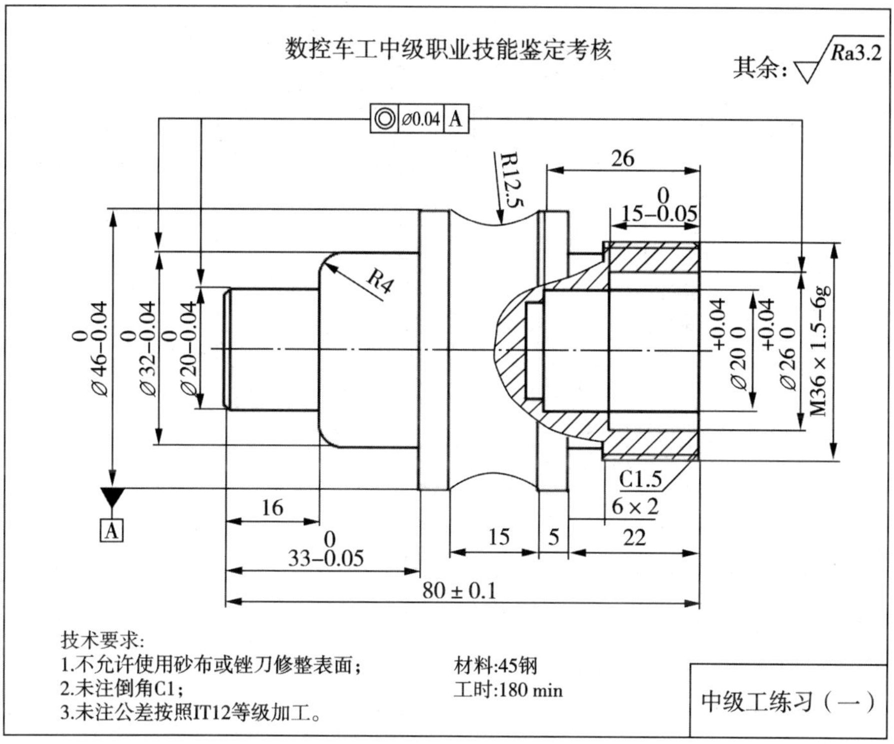

图 3-8-2　中级工练习 1

2. 如图 3-8-3 所示工件的毛坯为 ϕ50 mm×82 mm 棒料，材料为 45 钢。试进行工艺分析并加工该零件。

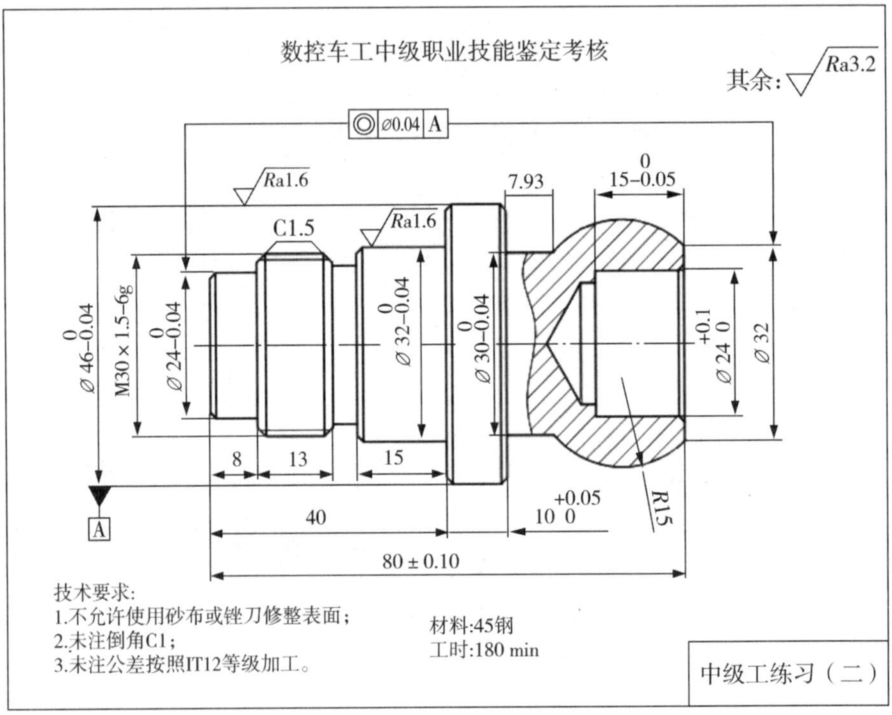

图 3-8-3　中级工练习 2

项目四 CAXA 数控车编程

任务一 认识 CAXA 数控车编程软件

一、概述

对于制造业来讲，数控加工技术应用的关键在于计算机辅助设计和制造（CAD/CAM）系统的质量。数控车削加工是现代制造技术的典型代表，在制造业的各个领域如航空航天、汽车、模具、精密机械、家用电器等各个行业有着日益广泛地应用，已成为这些行业中不可缺少的加工手段。

CAXACAM 数控车 2020 是在 CAXA 2D 电子图表的平台上开发的数控车床加工编程和二维图形设计软件。CAXA 数控车具有 CAD 软件的强大绘图功能和完善的外部数据接口，可以绘制任意复杂的图形，可通过 DXF、IGES 等数据接口与其他系统交换数据。CAXA 数控车具有轨迹生成及通用后置处理功能。该软件提供了功能强大、使用简洁的轨迹生成手段，可按加工要求生成各种复杂图形的加工轨迹。通用的后置处理模块使 CAXA 数控车可以满足各种机床的代码格式，可输出 G 代码，并对生成的代码进行校验及加工仿真。

二、认识 CAXA 数控车

1. CAXA CAM 数控车 2020 的启动界面

正常安装完成时，在 Windows 桌面会出现“CAXACAM 数控车 2020”的图标（图 4-1-1），双击该图标就可以运行软件。

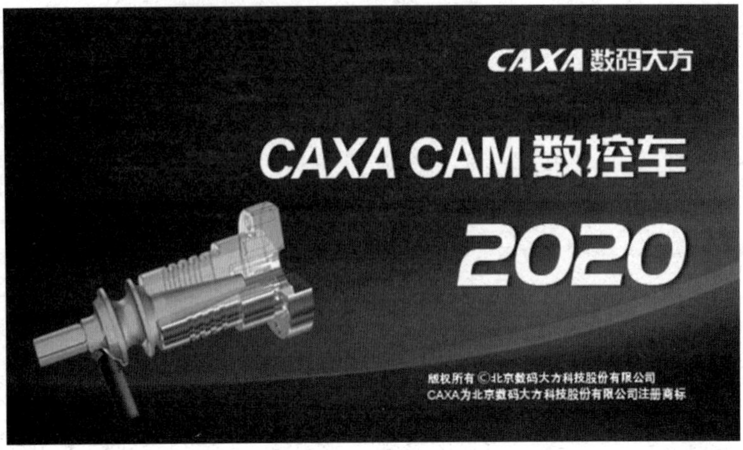

图 4-1-1　CAXA CAM 数控车 2020 的启动界面

2. CAXA CAM 数控车 2020 的用户界面

用户界面(简称界面)是交互式绘图软件与用户进行信息交流的中介。系统通过界面反映当前信息状态或将要执行的操作,用户按照界面提供的信息做出判断,并经由输入设备进行下一步的操作。因此,用户界面被认为人机对话的桥梁。

CAXACAM 数控车 2020 的用户界面包括两种风格:最新的选项卡风格界面和经典风格界面。选项卡风格界面主要使用功能区、快速启动工具栏和菜单按钮访问常用命令。经典风格界面主要通过主菜单和工具条访问常用命令。

全新的选项卡风格界面拥有很高的交互效率,但为了照顾老用户的使用习惯,也提供了经典界面风格。

在选项卡风格界面下的功能区中单击“视图”选项卡→“界面操作”面板→“切换界面风格”或在主菜单中单击“工具”→“界面操作”→“切换”,就可以在新界面和经典界面中进行切换。

该功能的快捷键为 F9。

3. 选项卡风格界面

(1)菜单按钮。在新界面下,可以使用菜单按钮呼出主菜单。新界面主菜单的主要应用方式与传统的主菜单相同。

【菜单按钮】如图 4-1-2 所示,菜单按钮的使用方法:①使用鼠标左键单击菜单按钮,调出新界面下的主菜单;②菜单按钮上默认显示最近使用文档,单击文档名称即可直接打开;③将光标在各种菜单上停放即可显示子菜单,使用鼠标左键单击即可执行命令。

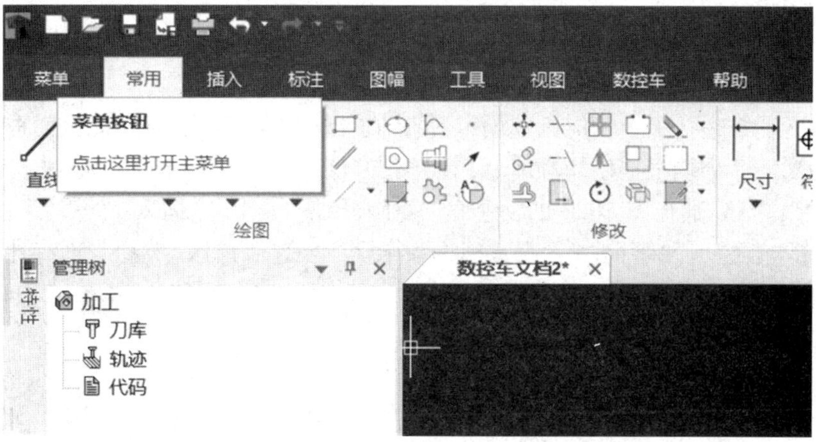

图 4-1-2 CAXA CAM 数控车 2020 的菜单按钮

（2）快速启动工具栏。快速启动工具栏用于组织经常使用的命令，该工具栏可以自定义。

【快速启动工具栏】如图 4-1-3 所示，快速启动工具栏具体的使用方法：①使用鼠标左键单击快速启动工具栏上的图标即可执行对应的命令；②使用鼠标右键单击快速启动工具栏上的图标时弹出自定义快速启动工具栏菜单。

图 4-1-3 CAXA CAM 数控车 2020 的快速启动工具栏

此时可以选择将该命令从快速启动工具栏移除，在功能区下方显示快速启动工具栏，也可以通过点击自定义快速启动工具栏下拉菜单，并在弹出的快速启动工具栏自定义对话框中进行自定义。另外，在该弹出菜单中还可以打开或关闭其他界面元素，如主菜单、工具条以及状态栏等，其功能与界面元素配置菜单类似。

使用鼠标右键单击功能区面板或主菜单上的图标，可以在弹出的菜单中选择将该命令添加到快速启动工具栏。

利用快速启动工具栏自定义对话框也可以对快速启动工具栏进行配置。快速启动工具栏自定义对话框可以通过在自定义快速启动工具栏下拉菜单中点击更多命令或在界面元素配置菜单中单击自定义快速启动工具栏项目呼出。该对话框不仅可以实现“添加/删除快速启动工具栏项目”和“在功能区下方显示快速启动工具栏”等可以由自定义快速启动工具栏下拉菜单实现功能，还能添加/删除分隔符，并且可以对快速启动工具栏中的命令进行排序。通过单击重置按钮，可以将快速启动工具栏恢复到默认状态。

单击快速启动工具栏最右边的按钮也可以进行快速启动工具栏的自定义。

(3)功能区。选项卡风格界面中最重要的界面元素为功能区。使用功能区时无须显示工具条,通过单一紧凑的界面使各种命令组织的简洁有序,通俗易懂,同时使绘图工作区最大化。

功能区通常包括多个功能区选项卡,每个功能区选项卡由各种功能区面板组成。

各种功能命令均根据使用频率、设计任务有序地排布到功能区的选项卡和面板中。例如,CAXA CAM 数控车 2020 的功能区选项卡包括“常用”“插入”“标注”“图幅”“工具”“视图”“数控车”“帮助”等;而常用选项卡由“绘图”“修改”“标注”“特性”和“剪切板”等功能区面板组成。

功能区的使用方法包括:

●在不同的功能区选项卡间切换时,可以使用鼠标左键单击要使用的功能区选项卡。当光标在功能区上时,也可以使用鼠标滚轮切换不同的功能区选项卡。

●可以双击当前功能区选项卡的标题,或者在功能区上单击鼠标右键“最小化”功能区。功能区最小化时单击功能区选项卡标题时,功能区向下扩展;光标移出时,功能区选项卡自动收起。

●在各种界面元素上单击鼠标右键后,可以在弹出的菜单中打开或关闭功能区。

●功能区面板上包含各种功能命令和控件,使用方法与通常的主菜单或工具条上的相同。

●单击功能区右上角的【风格】可以在下拉菜单中选择 CAXA CAM 数控车 2020 界面色彩或者自定义色彩。

(4)状态栏。CAXA CAM 数控车 2020 提供了多种显示当前状态的功能,它包括屏幕状态显示、操作信息提示、当前工具点设置及拾取状态显示等。

1)操作信息提示区。操作信息提示区位于屏幕底部状态栏的左侧,用于提示当前命令执行情况或提醒用户输入。

2)点工具状态提示。当前工具点设置及拾取状态提示位于状态栏的右侧,自动提示当前点的性质以及拾取方式。例如,点可能为屏幕点、切点、端点等,拾取方式为添加状态、移出状态等。

3)命令与数据输入区。命令与数据输入区位于状态栏左侧,用于由键盘输入命令或数据。

4)命令提示区。命令提示区位于命令与数据输入区与操作信息提示区之间,显示目前执行的功能的键盘输入命令的提示,便于用户快速掌握 CAXA CAM 数控车 2020 的键盘命令。

5)当前点坐标显示区。当前点的坐标显示区位于屏幕底部状态栏的中部。当前点的坐标值随鼠标光标的移动作动态变化。

6)点捕捉状态设置区。点捕捉状态设置区位于状态栏的最右侧,在此区域内设置点的捕捉状态,分别为自由、智能、导航和栅格。

7)正交状态切换。单击该按钮可以打开或关闭系统为“非正交状态”或“正交状态”。

8)线宽状态切换。单击该按钮可以在“按线宽显示”和“细线显示”状态间切换。

9）动态输入工具开关。单击该按钮可以打开或关闭“动态输入”工具。

（5）立即菜单。CAXA CAM 数控车 2020 提供了立即菜单的交互方式，用来代替传统的逐级查找的问答式交互，使得交互过程更加直观和快捷。

立即菜单描述了该项命令执行的各种情况和使用条件。用户根据当前的作图要求，正确地选择某一选项，即可得到准确的响应。用户在输入某些命令以后，在绘图区的底部会弹出一行立即菜单。

例 1：直线命令

输入一条画直线的命令（从键盘输入“line”或用鼠标在“绘图”工具条单击“直线”按钮╱），则系统立即弹出一行立即菜单及相应的操作提示。

直线命令立即菜单如图 4-1-4 所示。此菜单表示当前待画的直线为两点线方式，连续的连续直线。在显示立即菜单的同时，在其下面显示如下提示：“第一点：”。用户按要求输入第一点后，系统会提示“第二点：”。用户再输入第二点，系统在屏幕上从第一点到第二点之间画出一条直线。

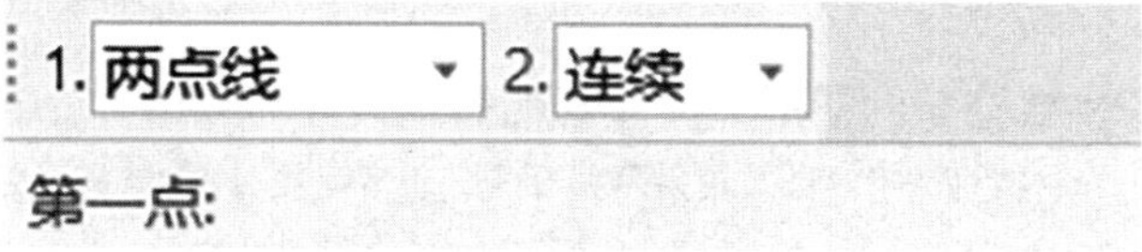

图 4-1-4　直线命令立即菜单

立即菜单的主要作用是可以选择某一命令的不同功能。可以通过鼠标单击立即菜单中的下拉箭头或用快捷键“Alt+数字键”进行激活，如果下拉菜单中有很多可选项时，可使用快捷键“Alt+连续数字键”进行选项的循环。如上例，如果想画一条单根直线，那么可以用鼠标单击立即菜单中的“2. 连续”或用快捷键“Alt+2”激活它，则该菜单变为“2. 单根”。如果要使用“角度线”功能，那么可以用鼠标单击立即菜单中的“1 角度线”或用快捷键“Alt+1”激活它。

（6）界面颜色。CAXA CAM 数控车 2020 提供界面颜色设置工具，可以修改软件整体界面元素的配色风格。在 CAXA CAM 数控车 2020 界面右上角方有界面配色风格下拉菜单。

单击箭头展开下拉菜单后，可根据用户个人的喜好选择界面颜色。CAXA CAM 数控车 2020 默认提供蓝色、深灰色和白色三种默认风格。

三、CAXA CAM 数控车 2020 的文件操作

1. 新建文件

在 2020 版的 CAXA CAM 数控车软件中，有以下几种新建文件的方式：

（1）启动 CAXA CAM 数控车 2020 软件后，自动新建空白文件。

（2）使用快捷键“Ctrl+N”新建文件，系统会自动新建空白文件。

（3）单击快速启动栏中的“新建文档”菜单项，系统自动新建空白文件，如图 4-1-5

所示。

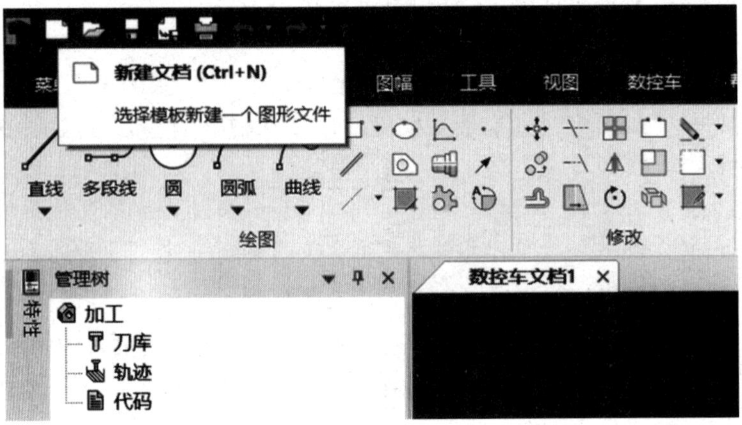

图 4-1-5 新建文档

2. 打开文件

打开一个 CAXA 数控车的图形文件或其他绘图文件的数据。

(1)单击快速启动栏中的“打开文件”菜单项,或者使用“Ctrl+O”快捷键,系统弹出打开文件对话框,如图 4-1-6 所示。

(2)选取要打开的文件名,单击“打开”按钮,系统将打开一个图形文件。

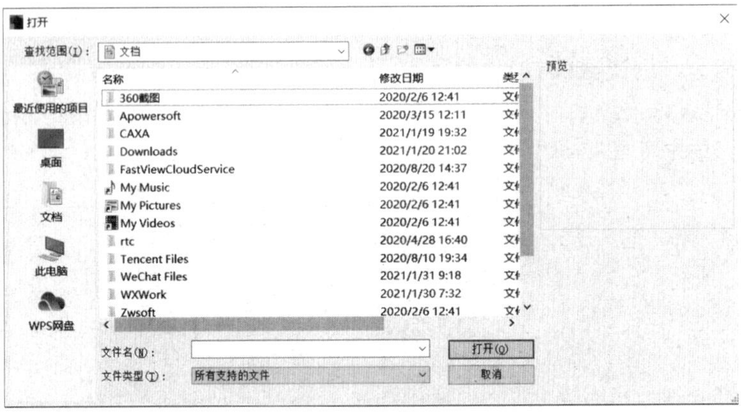

图 4-1-6 打开文件

3. 存储文件

在完成绘图或者编程操作以后,需要将当前绘制的图形以文件形式存储到电脑上。

(1)单击快速启动栏中的“保存文档”菜单项,或者使用“Ctrl+S”快捷键,如果当前没有文件名,则系统弹出一个如图 4-1-7 所示的存储文件对话框。

(2)在对话框的文件名输入框内,输入一个文件名,单击“确定”按钮,系统即按所给文件名存盘。

（3）如果当前文件名存在（即状态区显示的文件名），则直接按当前文件名存盘。此时，不出现对话框。系统以当前文件名存盘。

图 4-1-7　存储文件对话框

4. 另存文件

如果需要将当前绘制的图形另取一个文件名存储到电脑上，需要以下操作：

（1）单击子菜单中的“另存文件”菜单项，则系统弹出一个如图 4-1-8 所示的对话框。

（2）其余操作步骤见“存储文件”。

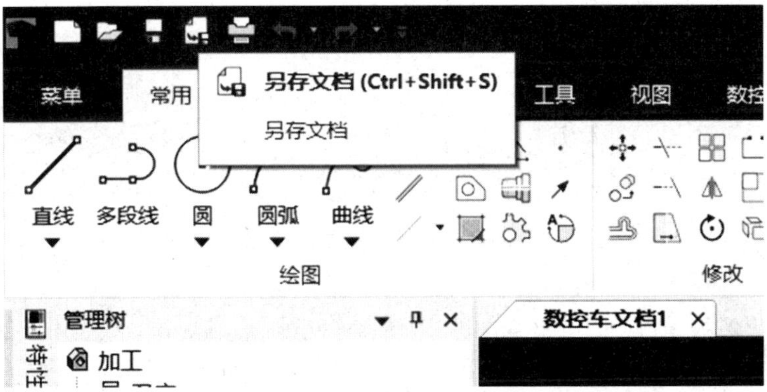

图 4-1-8　另存文件

任务二　CAXA 软件的零件图形绘制及编辑

在 CAM 加工技术中，图形（模型）是自动编程的前提条件，因此 CAD 图形绘制是数控加工非常重要的一部分。CAXA CAM 数控车 2020 可以绘制各种各样复杂的工程图纸，该软件以简捷的操作方式极大提高了图形绘制的效率。

CAXA CAM 数控车 2020 为用户提供了功能齐全的作图方式。常见图纸中的零件轮廓大部分是由直线、圆弧、圆、矩形等基本曲线构成的，学习和掌握基本曲线指令的使用方法，对于熟练掌握零件图的绘制重要性不言而喻。

CAXA CAM 数控车 2020 中的图形绘制功能，提供了多种绘制方式，方便快捷，便于快速掌握。首先我们来学习部分常用的绘图指令。

一、直线

【命令】line

【图标】

【概念】创建直线段。

直线是图形构成的基本要素，正确、快捷地绘制直线的关键在于点的选择。在电子图板中拾取点时，可充分利用工具点菜单、智能点、导航点、栅格点等工具。输入点的坐标时，一般以绝对坐标输入。也可以根据实际情况，输入点的相对坐标和极坐标。

直线功能使用立即菜单进行交互操作，调用“直线”功能后弹出如图 4-2-1 所示的立即菜单。

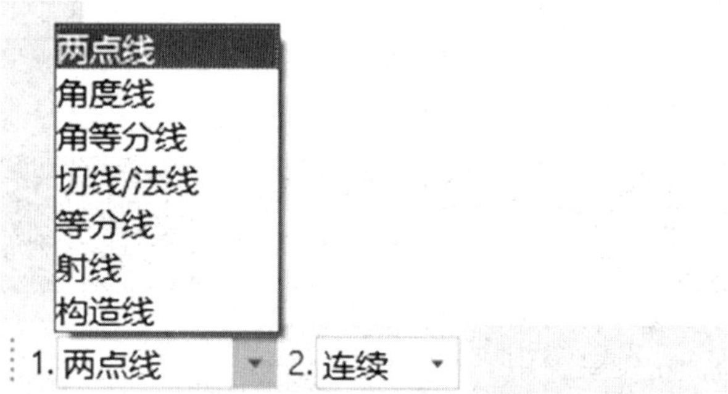

图 4-2-1　直线立即菜单

为了适应各种情况下直线的绘制，系统提供了两点线、角度线、角等分线、切线/法线、等分线、射线和构造线等 7 种方式，通过立即菜单进行选择直线生成方式及参数即可。另外，每种直线生成方式都可以单独执行，以便提高绘图效率。

例 1：绘制如图 4-2-2 所示的直角三角形。

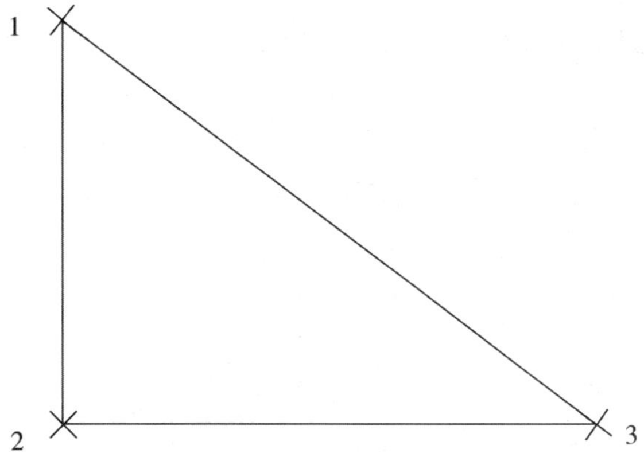

图 4-2-2　绘制直角三角形

画直角三角形时，先指定 1 点位置，移动鼠标系统会出现线段预览，切换为正交模式，通过输入坐标值或直接输入距离来确定 2、3 点位置。

例 2：绘制如图 4-2-3 所示圆的公切线。

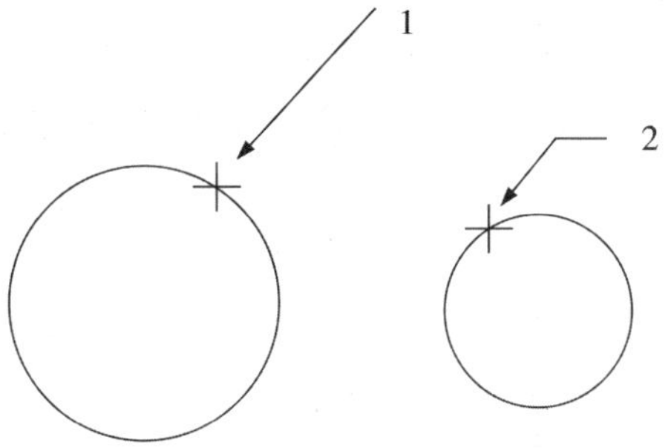

图 4-2-3　绘制圆的外公切线

充分利用工具点菜单，可以绘制出多种特殊的直线，这里以利用工具点中的切点绘制出圆和圆弧的切线为例，介绍点工具菜单的使用。首先，执行两点线命令，当系统提示“第一点”时，按空格键弹出工具点菜单，单击“切点”项，然后按提示拾取第一个圆中“1”所指的位置，在输入第二点时，用同样方法拾取第二个圆中“2”所指的位置。作图结果如图 4-2-4 所示。

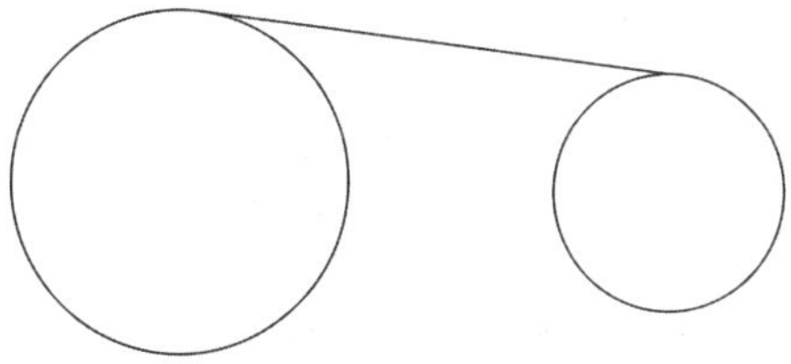

图 4-2-4　外公切线

注:如果此时点的捕捉模式为智能状态,在拾取第二个点可以直接按捕捉提示选择点即可,不需要使用点工具菜单。另外,在拾取圆时,拾取位置不同,则切线绘制的位置也不同。

如图 4-2-5,若第二点选在“3”所指位置处,则绘出两圆的内公切线。

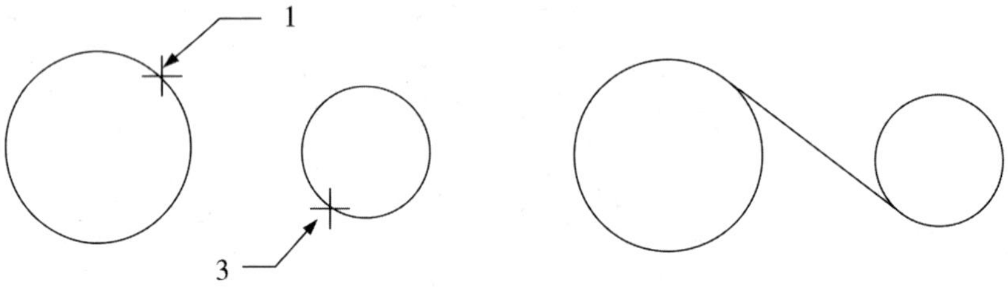

(a)操作前　　(b)操作后

图 4-2-5　圆的内公切线

例 3:如图 4-2-6 所示,用相对坐标和极坐标绘制边长为 20 的五角星。

执行两点线命令,然后输入第一点(0,0),输入第二点“@20,0”,这是相对于 1 点的坐标,输入第 3 点“@20<-144”,这是相对于 2 点的极坐标,这里极坐标的角度是指从 X 正半轴开始,逆时针旋转为正,顺时针旋转为负,以同样方法输入第 4 点“@20<72”、第 5 点“@20<-72”,最后输入(0,0),回到 1 点,右击结束画线操作,整个五角星绘制完成。

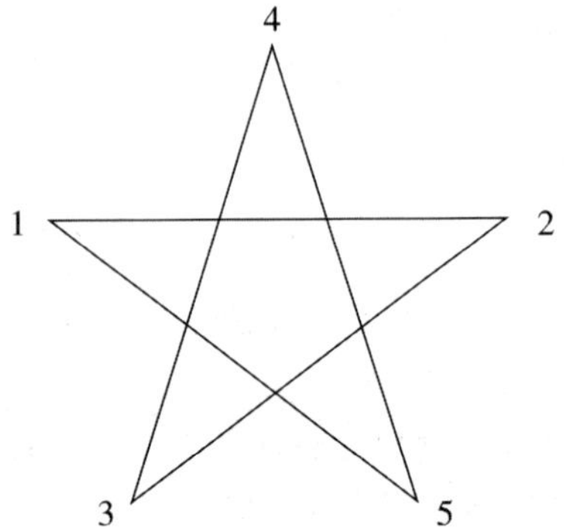

图 4-2-6　五角星

例 4:请按照立即菜单条件及操作提示要求所绘制的一条与 X 轴成 45°、长度为 50 的一条直线段,如图 4-2-7 所示。

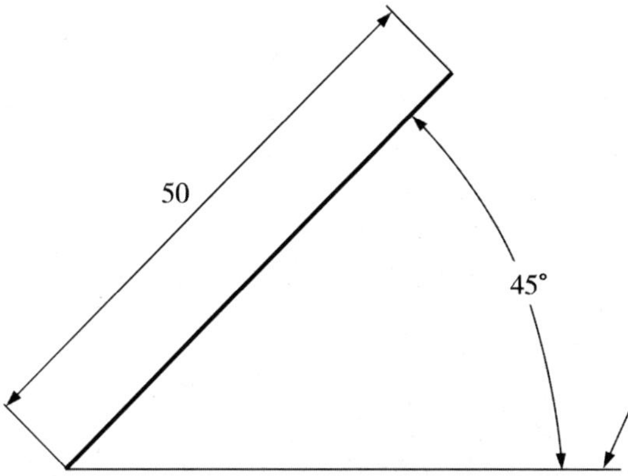

图 4-2-7 角度线的绘制

例 5:将 60°的角等分为 3 份,等分线长度为 100,如图 4-2-8 所示。

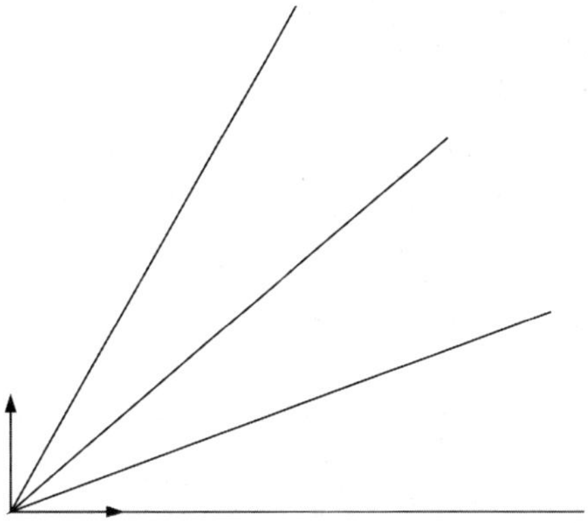

图 4-2-8 角等分线的绘制

例 6:请先绘制两条平行的直线,再拾取两条直线,等分量设为 5,则最后结果如图 4-2-9 所示。

图 4-2-9 等分线实例

二、平行线

【命令】LL 或 Parallel

【图标】//

【概念】绘制与已知直线平行的直线。

平行线功能使用立即菜单进行交互操作，调用“平行线”功能后弹出如图 4-2-10 所示的立即菜单。

图 4-2-10 “平行线”立即菜单

(1)单击立即菜单“偏移方式”，可以切换“两点方式”。

(2)选择偏移方式后，单击立即菜单“单向”，其内容由“单向”变为“双向”，在双向条件下可以画出与已知线段平行、长度相等的双向平行线段。当在单向模式下，用键盘输入距离时，系统首先根据十字光标在所选线段的哪一侧来判断绘制线段的位置。

(3)选择两点方式后，可以单击立即菜单“点方式”，其内容由“点方式”变为“距离方式”，根据系统提示即可绘制相应的线段。

(4)按照以上描述，选择“偏移方式”用鼠标拾取一条已知线段。拾取后，该提示改为“输入距离或点(切点)”。在移动鼠标时，一条与已知线段平行并且长度相等的线段被鼠标拖动着。待位置确定后，单击鼠标左键，一条平行线段被画出。也可用键盘输入一个距离数值，两种方法的效果相同。

(5)此命令可以重复进行，单击鼠标右键或者按键盘 ESC 即可退出此命令。

如图 4-2-11 所示。

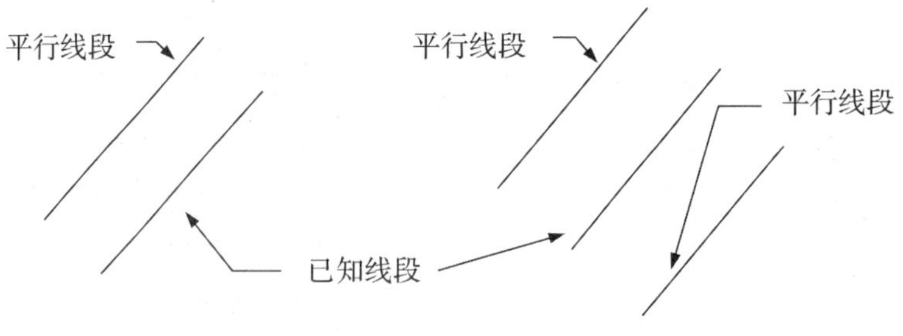

(a)单向平行线段　　(b)双向平行线段

图 4-2-11 绘制平行线段

三、圆

【命令】circle

【图标】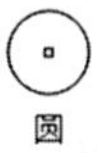

【概念】按照各种给定参数绘制圆。

要创建圆，可以指定圆心、半径、直径、圆周上的点和其他对象上的点的不同组合。根据不同的绘图要求，还可在绘图过程中通过立即菜单选取圆上是否带有中心线，系统默认为无中心线。此命令在圆的绘制中皆可选择。

圆功能使用立即菜单进行交互操作，调用“圆”功能后弹出如图 4-2-12 所示的立即菜单。

图 4-2-12 “圆”立即菜单

为了适应各种情况下圆的绘制，电子图板提供了圆心半径画圆、两点圆、三点圆和两点半径画圆等几种方式，通过立即菜单进行选择圆生成方式及参数即可。另外，每种圆生成方式都可以单独执行，以便提高绘图效率。

利用三点圆和工具点菜单可以很容易地绘制出三角形的外接圆和内切圆，如图 4-2-13 所示。

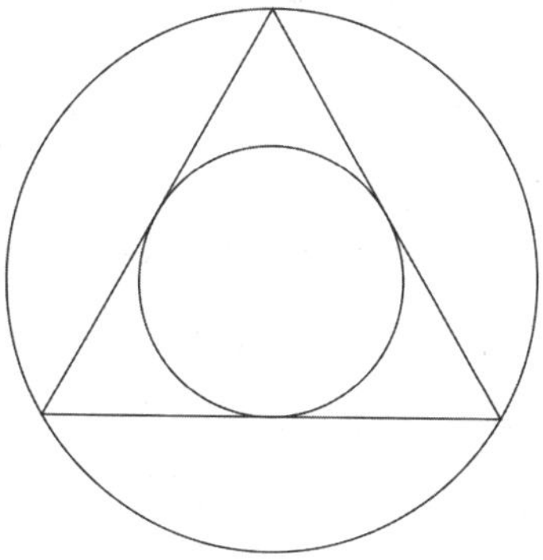

图 4-2-13 三点圆

四、圆弧

【命令】arc

【图标】

【概念】按照各种给定参数绘制圆弧。

绘制圆弧,可以指定圆心、端点、起点、半径、角度等各种组合形式创建圆弧。

圆弧方式使用立即菜单进行交互操作,调用“圆弧”功能后弹出如图 4-2-14 所示立即菜单。

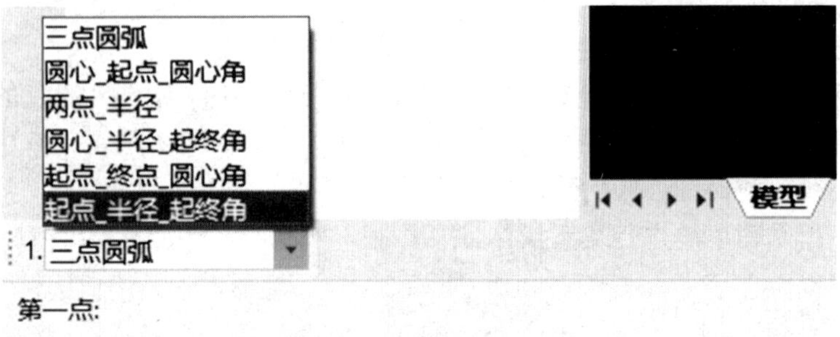

图 4-2-14 “圆弧”立即菜单

为了适应各种情况下圆弧的绘制,系统提供了多种方式,包括三点圆弧、圆心_起点_圆心角、两点_半径、圆心_半径_起终角、起点_终点_圆心角、起点_半径_起终角等,通过立即菜单进行选择圆生成方式及参数即可。另外,每种圆弧生成方式都可以单独执行,以便提高绘图效率。

图 4-2-15 为作“两点_半径”圆弧与圆相切的实例。

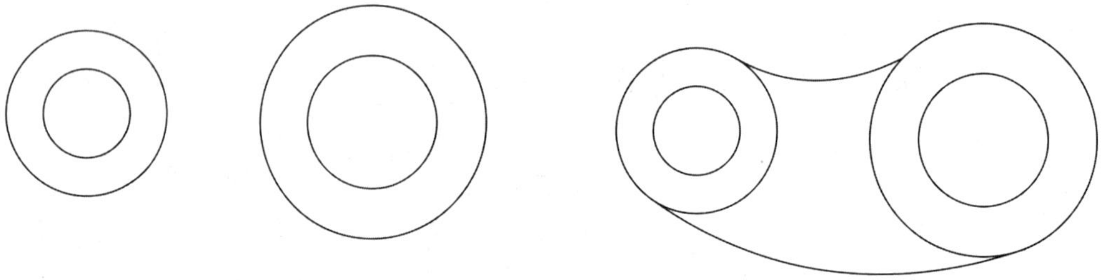

(a)操作前　　(b)操作后

图 4-2-15 圆弧与圆相切

五、矩形

【命令】rect

【图标】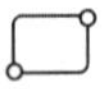

【概念】绘制矩形形状的闭合多义线。

可以按照“两角点”“长度和宽度”两种方式生成矩形。

矩形功能使用立即菜单进行交互操作,“两角点”方式的立即菜单如图 4-2-16 所示。

图 4-2-16　“两角点矩形”立即菜单

六、图形编辑

图形编辑主要是对已生成的图形对象,例如曲线、块、文字、标注等进行编辑操作。这些功能主要包括夹点编辑、删除重线、平移、拷贝、裁剪、齐边、过渡、旋转、镜像、比例缩放、阵列、打断、拉伸、打散等。

图形编辑的每个功能都可以通过以下方式来执行:执行对应键盘命令或快捷键、单击“常用”选项卡“修改”功能区对应按钮。如图 4-2-17 所示。

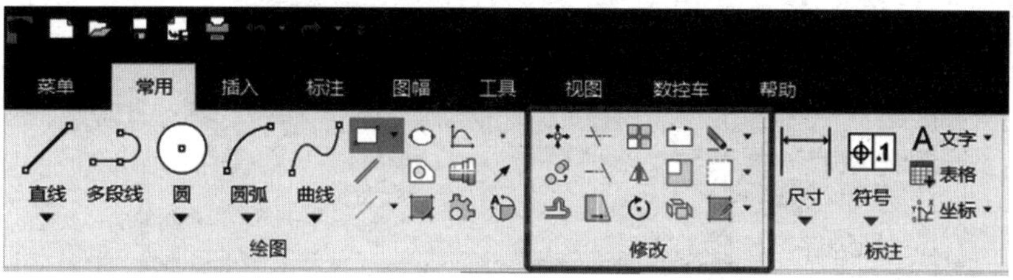

图 4-2-17　“常用”选项卡“修改”功能区

接下来我们简单介绍一些常用指令。

1. 平移

【命令】move

【图标】

【概念】以指定的角度和方向进行移动拾取到的图形对象。

平移功能需要使用立即菜单进行交互操作,其立即菜单如图 4-2-18 所示。

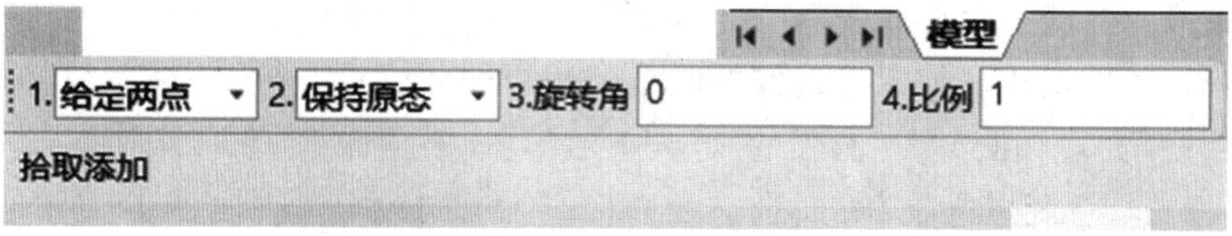

图 4-2-18　“平移”立即菜单

2. 平移复制

【命令】copy

【图标】

【概念】以指定的角度和方向创建拾取图形对象的副本。

平移复制功能与基本编辑的“复制”功能区别于：

平移复制是在同一个文件内对图形对象创建副本，所拾取对象并不存入 Windows 剪贴板。

复制与粘贴功能配合使用，将所选图形存储到 Windows 剪贴板上，除了可以在不同的电子图板文件中进行复制粘贴外，还可以粘贴到其他支持 OLE 的软件中。

使用坐标、栅格捕捉、对象捕捉或动态输入等工具可以精确平移复制对象，并且可以切换正交、极轴等操作状态。平移复制功能支持先拾取后操作，即先拾取对象再执行此命令。

3. 裁剪

【命令】trim

【图标】-\--

【概念】裁剪对象，使它们精确地终止于由其他对象定义的边界。裁剪操作分为快速裁剪、拾取边界裁剪和批量裁剪等 3 种方式，通过立即菜单的选项可以进行选择，裁剪的立即菜单如图 4-2-19 所示。

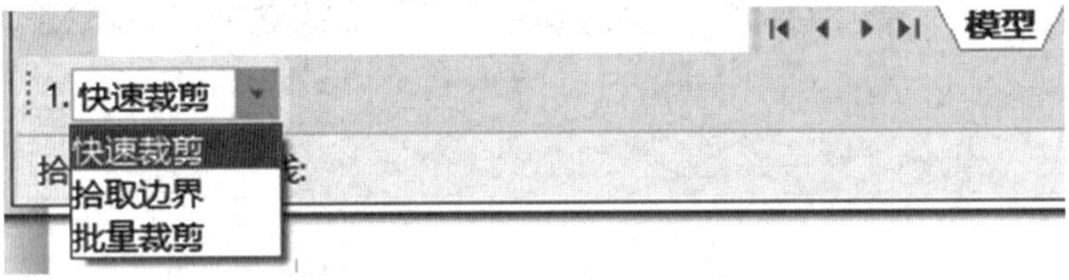

图 4-2-19 “裁剪”立即菜单

4. 延伸

【命令】edge 或 extend

【图标】--\

【概念】以一条曲线为边界对一系列曲线进行裁剪或延伸。

执行命令后按操作提示拾取剪刀线作为边界，则提示改为“拾取要编辑的曲线”。根据作图需要可以拾取一系列曲线进行编辑修改。

如果拾取的曲线与边界曲线有交点，则系统按“裁剪”功能进行操作，系统将裁剪所拾取的曲线至边界为止。如果被延伸的曲线与边界曲线没有交点，那么系统将把曲线按其本身的趋势（如直线的方向、圆弧的圆心和半径均不发生改变）延伸至边界。

注意：圆或圆弧可能会有例外，这是因为它们无法向无穷远处延伸，它们的延伸范围是以半径为限的，而且圆弧只能以拾取的一端开始延伸，不能两端同时延伸（见图 4-2-20）。

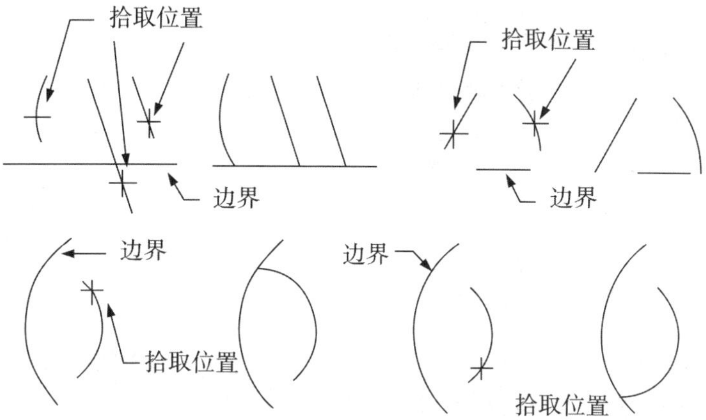

图 4-2-20 “延伸”操作

5. 过渡

【命令】corner

【图标】

【概念】修改对象,使其以圆角、倒角等方式连接。

过渡操作分为圆角、多圆角、倒角、外倒角和内倒角、多倒角和尖角等多种方式。可通过立即菜单进行选择,过渡命令的立即菜单如图 4-2-21 所示。

图 4-2-21 “过渡”立即菜单

6. 旋转

【命令】rotate

【图标】

【概念】对拾取到的图形进行旋转或旋转复制。

执行命令后弹出立即菜单如图 4-2-22 所示。

图 4-2-22 “旋转”立即菜单

7. 镜像

【命令】mirror

【图标】

【概念】将拾取到的图素以某一条直线为对称轴,进行对称镜像或对称复制。

执行命令后弹出立即菜单如图 4-2-23 所示。

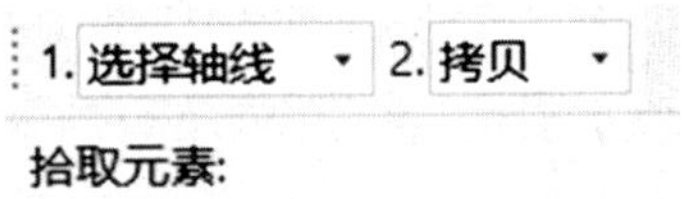

图 4-2-23 “镜像”立即菜单

说明:如果用户在平移过程中需要将图形正交移动,可按“F7”键或点击状态栏正交按钮进行切换。

8. 比例缩放

【命令】scale

【图标】

【概念】对拾取到的图素进行比例放大和缩小。

执行命令后按操作提示用鼠标拾取图素,拾取结束后右击确认,弹出立即菜单如图 4-2-24所示。

图 4-2-24 “比例缩放”立即菜单

9. 阵列

【命令】array

【图标】

【概念】通过一次操作可同时生成若干个相同的图形,以提高作图效率。

阵列的方式有圆形阵列、矩形阵列和曲线阵列 3 种。使用立即菜单进行选择(见图 4-2-25)。

图 4-2-25 “阵列”立即菜单

每种阵列方式的概念和操作方式都不同,下面分别进行介绍。

圆形阵列:对拾取到的图素,以某基点为圆心进行阵列复制。

矩形阵列:对拾取到的实体按矩形阵列的方式进行阵列复制。

曲线阵列:在一条或多条首尾相连的曲线上生成均布的图形选择集。

10. 打断

【命令】break

【图标】

【概念】将一条指定曲线在指定点处打断成两条曲线,以便于其他操作。

打断有一点打断和两点打断两种形式。

(1)一点打断。执行打断命令后将立即菜单第一项切换为“一点打断”,即使用一点打断模式。此时,按提示要求用鼠标拾取一条待打断的曲线。拾取后,该曲线变成虚线显示。这时,命令行提示变为“选取打断点”。根据当前作图需要,移动鼠标在曲线上选取打断点,选中后单击鼠标左键,曲线即被打断。打断点也可由键盘输入。曲线被打断后,在屏幕上所显示的与打断前并没有什么两样。但实际上,原来的一条曲线已经变成了两条互不相干的独立的曲线。

注意:打断点最好选在需打断的曲线上,为作图准确,可充分利用智能点、栅格点、导航点以及工具点菜单。

(2)两点打断。执行打断命令后将立即菜单第一项切换为“两点打断”,即使用两点打断模式。

“两点打断”有“伴随拾取点”和“单独拾取点”两种打断点拾取模式。

●如果选择“伴随拾取点”则执行“两点打断”时,首先拾取需打断的曲线,在拾取完毕后,直接将拾取点作为第一打断点,并提示选择第二打断点。

●如果选择“单独拾取点”则执行“两点打断”时,同样首先拾取需打断的曲线,在拾取完毕后,命令输入区会提示分别拾取两个打断点。

无论使用哪种打断点拾取模式,拾取两个打断点后,被打断曲线会从两个打断点处被打断,同时两点间的曲线会被删除。

注:如果被打断的曲线是封闭曲线,则被删除的曲线部分是从第一点以逆时针方向指向第二点的那部分。

11. 拉伸

【命令】stretch

【图标】

【概念】在保持曲线原有趋势不变的前提下,对曲线或曲线组进行拉伸或缩短处理。

拉伸分为对单条曲线拉伸和对曲线组拉伸。

12. 分解

【命令】explode

【图标】

【概念】可以将多段线、标注、图案填充或块参照合成对象转变为单个的元素。

可以分解多段线、标注、图案填充或块参照等合成对象,将其转换为单个的元素。例如,分解多段线将其分为简单的线段和圆弧。分解块参照或关联标注使其替换为组成块或标注的对象副本。

分解标注或图案填充后,将失去其所有的关联性,标注或填充对象被替换为单个对象(例如直线、文字、点和二维实体)。

分解多段线时,将放弃所有关联的宽度信息。所得直线和圆弧将沿原多段线的中心线放置。如果分解包含多段线的块,则需要单独分解多段线。如果分解一个圆环,它的宽度将变为0。

对于大多数对象,分解的效果并不是看得见的。

执行分解命令后,选择要分解的对象并确认即可。

七、绘图练习

1. 绘制图4-2-26所示工件并进行工艺分析。

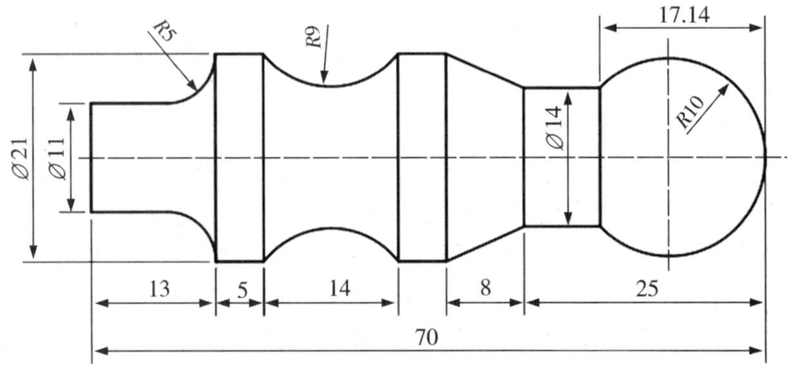

图4-2-26 练习1

2. 绘制图4-2-27所示工件并进行工艺分析。

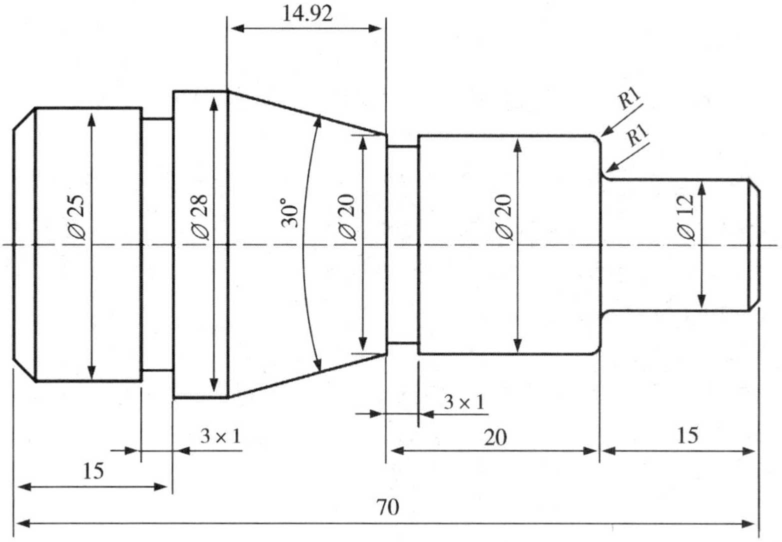

图 4-2-27 练习 2

3. 绘制图 4-2-28 所示工件并进行工艺分析。

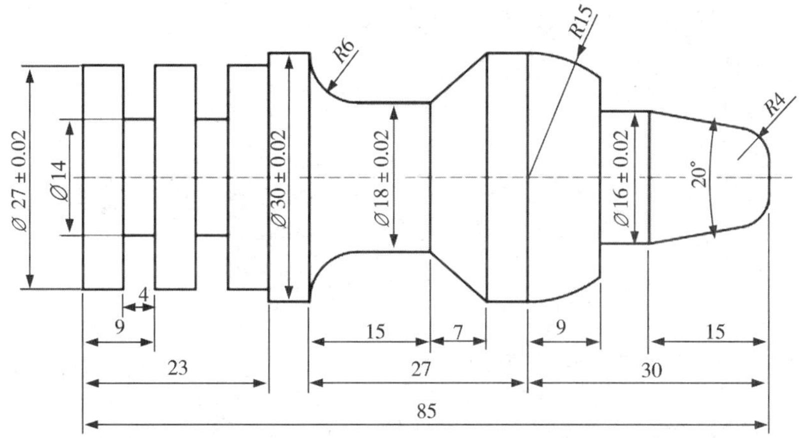

图 4-2-28 练习 3

任务三 CAXA 数控车软件的编程与加工设置

生成轨迹是使用数控车软件进行加工的关键步骤。本节将介绍 CAXA CAM 数控车 2020 中几种常用的加工功能，详细介绍其中各个参数的作用，并介绍轨迹编辑、轨迹仿真、后置处理、轨迹反读等常用操作。

一、车削粗加工

该功能用于实现对工件外轮廓表面、内轮廓表面和端面的粗车加工，用来快速清除毛坯的多余部分。

做轮廓粗车时要确定被加工轮廓和毛坯轮廓，被加工轮廓就是加工结束后的工件表面轮廓，毛坯轮廓就是加工前毛坯的表面轮廓。被加工轮廓和毛坯轮廓两端点相连，两轮廓共同构成一个封闭的加工区域，在此区域的材料将被加工去除。被加工轮廓和毛坯轮廓不能单独闭合或自相交。

1. 操作步骤

(1)在功能区中的“数控车选项卡”中选取“车削粗加工” 菜单项，系统弹出加工参数表，如图 4-3-1 所示。在参数表中首先要确定被加工的是外轮廓表面，还是内轮廓表面或端面，接着按加工要求确定其他各加工参数。

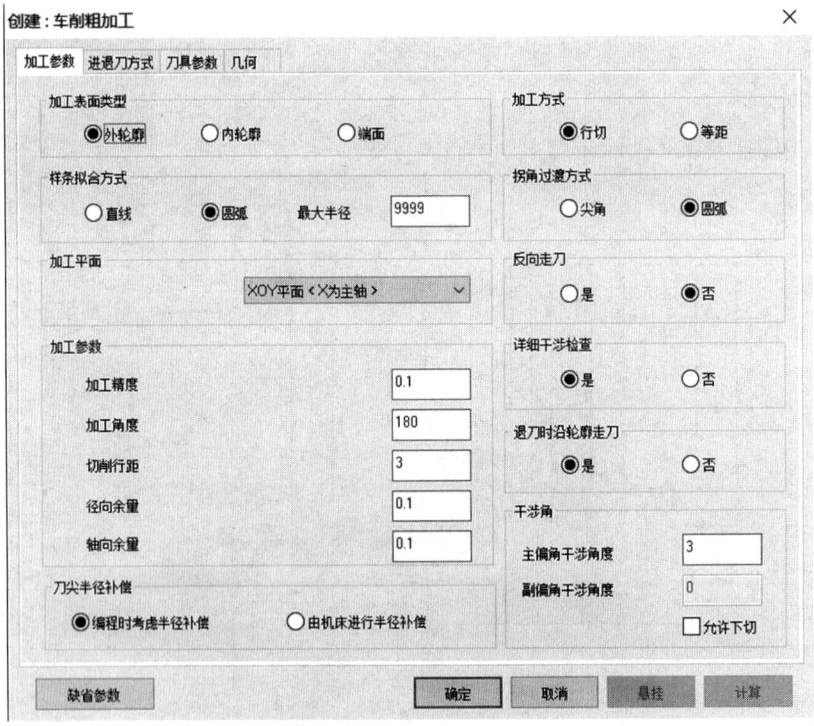

图 4-3-1 车削粗加工——加工参数

(2)确定参数后拾取被加工的轮廓和毛坯轮廓，此时可使用系统提供的轮廓拾取工具，对于多段曲线组成的轮廓使用“限制链拾取”将方便拾取。采用“链拾取”和“限制链拾取”时的拾取箭头方向与实际的加工方向无关。

(3)确定进退刀点。指定一点为刀具加工前和加工后所在的位置。按鼠标右键可忽略该点的输入。

完成上述步骤后即可生成加工轨迹。在“数控车”选项卡中选取“后置处理”功能，拾取刚生成的刀具轨迹，即可生成加工指令。

2. 加工参数

点击对话框中的“加工参数”标签即进入加工参数表，如图 4-3-1 所示。加工参数表主要用于对粗车加工中的各种工艺条件和加工方式进行限定。

各加工参数含义说明如下：

(1)加工表面类型

外轮廓：采用外轮廓车刀加工外轮廓，此时缺省加工方向角度为 180°。

内轮廓：采用内轮廓车刀加工内轮廓，此时缺省加工方向角度为 180°。

车端面：此时缺省加工方向应垂直于系统 X 轴，即加工角度为-90°或 270°。

(2)加工参数

加工角度：刀具切削方向与机床 Z 轴(软件系统 X 正方向)正方向的夹角。

切削行距：行间切入深度，两相邻切削行之间的距离。

加工余量：加工结束后，被加工表面没有加工的部分的剩余量(与最终加工结果比较)。

加工精度：用户可按需要来控制加工的精度。对轮廓中的直线和圆弧，机床可以精确地加工；对由样条曲线组成的轮廓，系统将按给定的精度把样条转化成直线段来满足用户所需的加工精度。

(3)拐角过渡方式

圆弧：在切削过程遇到拐角时刀具从轮廓的一边到另一边的过程中，以圆弧的方式过渡。

尖角：在切削过程遇到拐角时刀具从轮廓的一边到另一边的过程中，以尖角的方式过渡。

(4)样条拟合方式

直线：对加工轮廓中的样条线根据给定的加工精度用直线段进行拟合。

圆弧：对加工轮廓中的样条线根据给定的加工精度用圆弧段进行拟合。

(5)反向走刀

否：刀具按缺省方向走刀，即刀具从机床 Z 轴正向向 Z 轴负向移动。

是：刀具按与缺省方向相反的方向走刀。

(6)详细干涉检查

否：假定刀具前后干涉角均为 0°，对凹槽部分不做加工，以保证切削轨迹无前角及底切干涉。

是：加工凹槽时，用定义的干涉角度检查加工中是否有刀具前角及底切干涉，并按定义的干涉角度生成无干涉的切削轨迹。

(7)退刀时沿轮廓走刀

否：刀位行首末直接进退刀，不加工行与行之间的轮廓。

是：两刀位行之间如果有一段轮廓，在后一刀位行之前、之后增加对行间轮廓的加工。

(8)刀尖半径补偿

编程时考虑半径补偿:在生成加工轨迹时,系统根据当前所用刀具的刀尖半径进行补偿计算(按假想刀尖点编程)。所生成代码即为已考虑半径补偿的代码,无须机床再进行刀尖半径补偿。

由机床进行半径补偿:在生成加工轨迹时,假设刀尖半径为0,按轮廓编程,不进行刀尖半径补偿计算。所生成代码在用于实际加工时应根据实际刀尖半径由机床指定补偿值。

(9)干涉角

主偏角干涉角度:做前角干涉检查时,确定干涉检查的角度。

副偏角干涉角度:做底切干涉检查时,确定干涉检查的角度。当勾选允许下切选项时可用。

3. 进退刀方式

点击对话框中的"进退刀方式"标签即进入进退刀方式参数表(图4-3-2)。该参数表用于对加工中的进退刀方式进行设定。

图4-3-2 车削粗加工——进退刀方式

(1)进刀方式:相对毛坯进刀方式用于指定对毛坯部分进行切削时的进刀方式,相对加工表面进刀方式用于指定对加工表面部分进行切削时的进刀方式。

1)与加工表面成定角:指在每一切削行前加入一段与轨迹切削方向夹角成一定角度的进刀段,刀具垂直进刀到该进刀段的起点,再沿该进刀段进刀至切削行。角度定义该进刀段与轨迹切削方向的夹角,长度定义该进刀段的长度。

2)垂直进刀:指刀具直接进刀到每一切削行的起始点。

3)矢量进刀:指在每一切削行前加入一段与系统 X 轴(机床 Z 轴)正方向成一定夹角的进刀段,刀具进刀到该进刀段的起点,再沿该进刀段进刀至切削行。角度定义矢量(进刀段)与系统 X 轴正方向的夹角,长度定义矢量(进刀段)的长度。

(2)退刀方式:相对毛坯退刀方式用于指定对毛坯部分进行切削时的退刀方式,相对加工表面退刀方式用于指定对加工表面部分进行切削时的退刀方式。

1)与加工表面成定角:指在每一切削行后加入一段与轨迹切削方向夹角成一定角度的退刀段,刀具先沿该退刀段退刀,再从该退刀段的末点开始垂直退刀。角度定义该退刀段与轨迹切削方向的夹角,长度定义该退刀段的长度。

2)轮廓垂直退刀:指刀具直接进刀到每一切削行的起始点。

3)轮廓矢量退刀:指在每一切削行后加入一段与系统 X 轴(机床 Z 轴)正方向成一定夹角的退刀段,刀具先沿该退刀段退刀,再从该退刀段的末点开始垂直退刀。角度定义矢量(退刀段)与系统 X 轴正方向的夹角,长度定义矢量(退刀段)的长度快速退刀距离,以给定的退刀速度回退的距离(相对值),在此距离上以机床允许的最大进给速度G0退刀。

4. 切削用量

在每种刀具轨迹生成时,都需要设置一些与切削用量及机床加工相关的参数。点击"刀具参数"标签并在子标签中选择"切削用量"标签可进入切削用量参数设置页,如图4-3-3所示。

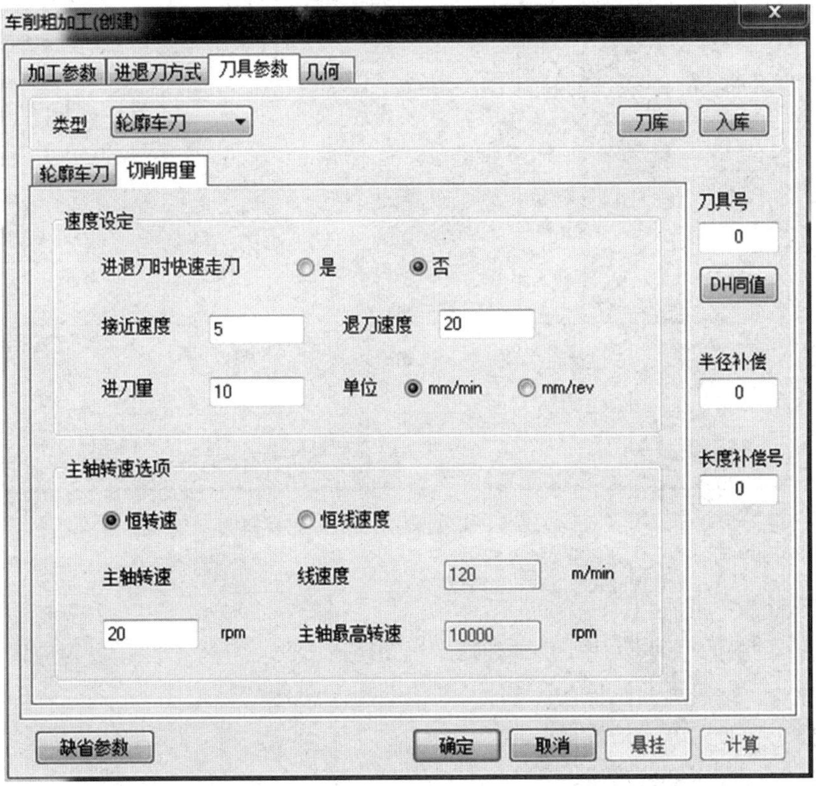

图4-3-3 车削粗加工——切削用量

各参数含义说明如下：

(1)速度设定

接近速度：刀具接近工件时的进给速度。

主轴转速：机床主轴旋转的速度。计量单位是机床缺省的单位。

退刀速度：刀具离开工件的速度。

(2)主轴转速选项

恒转速：切削过程中按指定的主轴转速保持主轴转速恒定，直到下一指令改变该转速。

恒线速度：切削过程中按指定的线速度值保持线速度恒定。

5. 轮廓车刀

点击“刀具参数”标签可进入轮廓车刀参数设置页。该页用于对加工中所用的刀具参数进行设置，如图 4-3-4 所示。

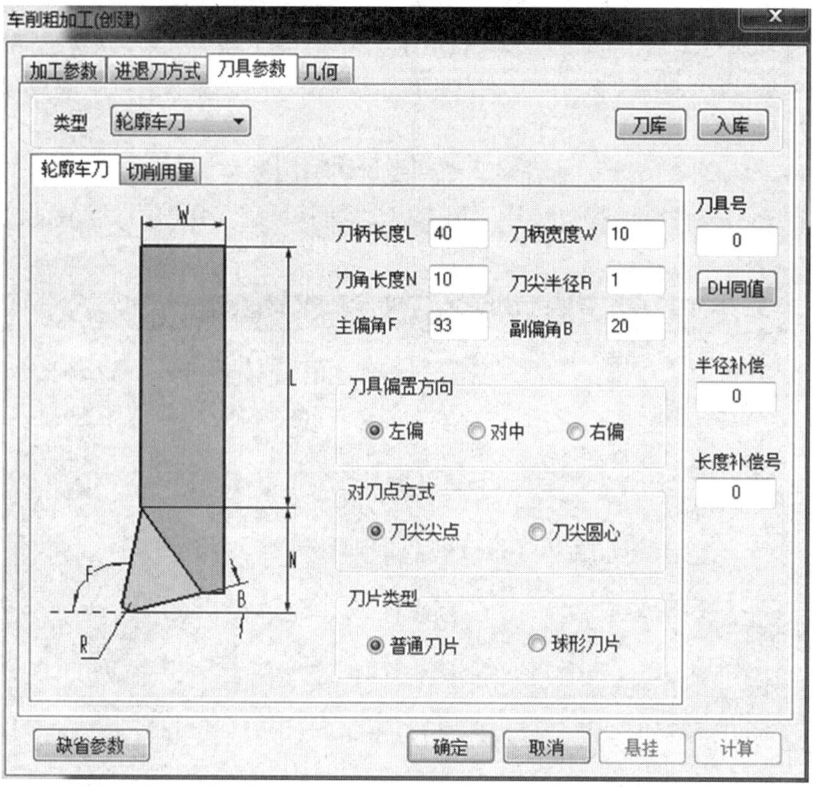

图 4-3-4 车削粗加工——轮廓车刀

各参数含义说明如下：

刀具号：刀具的系列号，用于后置处理的自动换刀指令。刀具号唯一，并对应机床的刀库。

刀具补偿号：刀具补偿值的序列号，其值对应于机床的数据库。

刀柄长度：刀具可夹持段的长度。

刀柄宽度：刀具可夹持段的宽度。

刀角长度:刀具可切削段的长度。

刀尖半径:刀尖部分用于切削的圆弧的半径。

主偏角:刀具前刃与工件旋转轴的夹角。

副偏角:刀具后刃与工件旋转轴的夹角。

刀具偏置方向、对刀点方式、刀具类型需要结合实际操作进行设定。

6. 几何

点击“几何”标签可进入几何参数设置页。该页用于对加工中所用的轮廓进行设置,如图 4-3-5 所示。

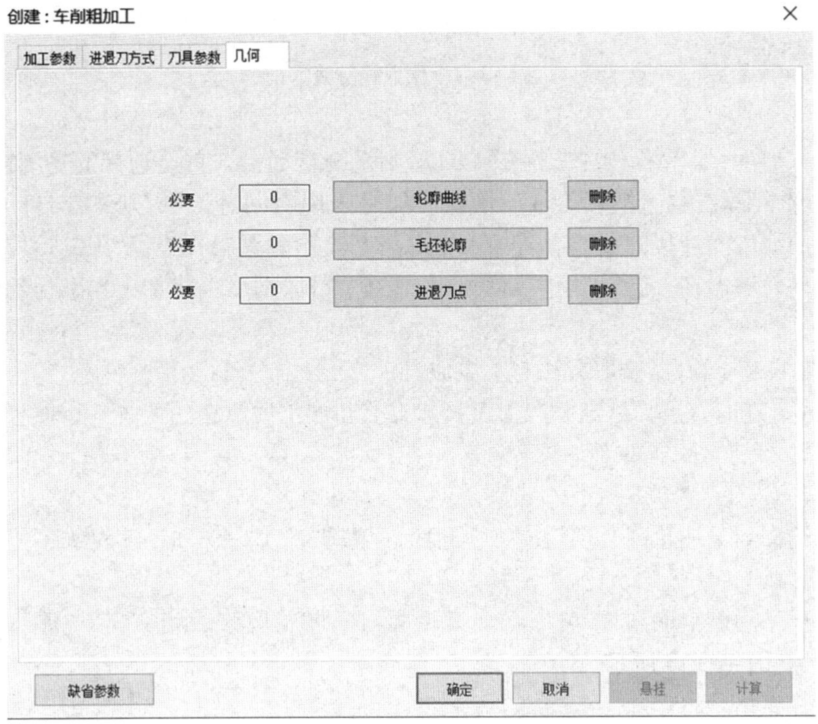

图 4-3-5　车削粗加工——几何

确定几何参数步骤如下:

(1)点击轮廓曲线,系统提示用户选择轮廓线,单击右键结束拾取。

拾取轮廓线可以利用曲线拾取工具菜单,用空格键弹出工具菜单,如图 4-3-6 所示。工具菜单提供 3 种拾取方式:单个拾取、链拾取和限制链拾取。

图 4-3-6　轮廓曲线拾取

当拾取第一条轮廓线后，此轮廓线变为红色的虚线。系统给出提示：选择方向。要求用户选择一个方向，此方向只表示拾取轮廓线的方向，与刀具的加工方向无关。如图4-3-7所示。

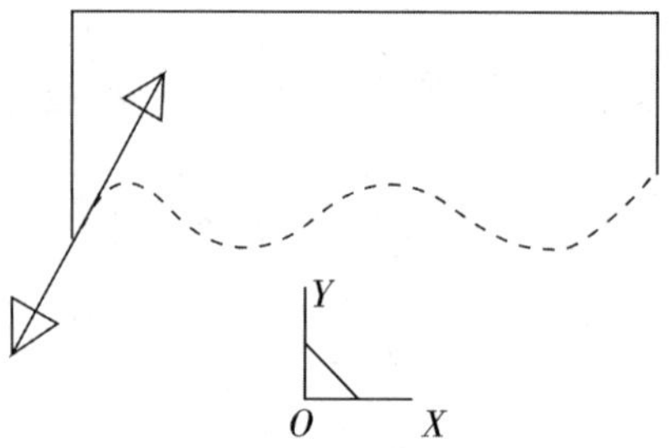

图 4-3-7　拾取轮廓线方向

选择方向后，如果采用的是链拾取方式，则系统自动拾取首尾连接的轮廓线，如果采用单个拾取，则系统提示继续拾取轮廓线。如果采用限制链拾取，则系统自动拾取该曲线与限制曲线之间连接的曲线。若加工轮廓与毛坯轮廓首尾相连，采用链拾取会将加工轮廓与毛坯轮廓混在一起，采用限制链拾取或单个拾取则可以将加工轮廓与毛坯轮廓区分开。

(2)拾取毛坯轮廓，拾取方法与上类似。

(3)确定进退刀点。指定一点为刀具加工前和加工后所在的位置。按鼠标右键可忽略该点的输入。

注意：

加工轮廓与毛坯轮廓必须构成一个封闭区域，被加工轮廓和毛坯轮廓不能单独闭合或自相交。

为便于采用链拾取方式，可以将加工轮廓与毛坯轮廓绘成相交，系统能自动求出其封闭区域，如图 4-3-8 所示。

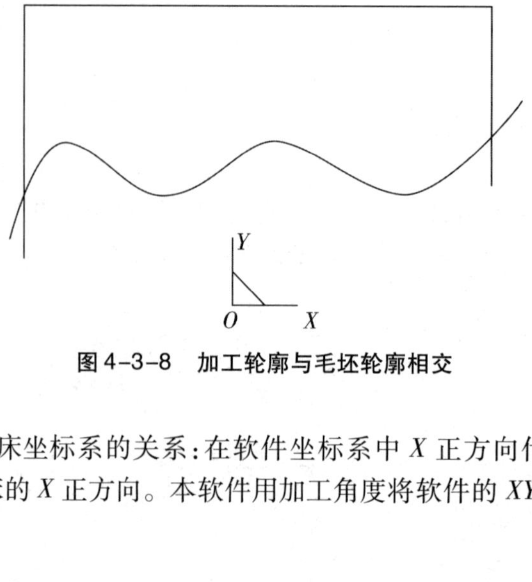

图 4-3-8　加工轮廓与毛坯轮廓相交

绘图坐标系与机床坐标系的关系：在软件坐标系中 X 正方向代表机床的 Z 轴正方向，Y 正方向代表机床的 X 正方向。本软件用加工角度将软件的 XY 向转换成机床的 ZX

向，如切外轮廓，刀具由右到左运动，与机床的 Z 正向成 180°，加工角度取 180°。切端面，刀具从上到下运动，与机床的 Z 正向成-90°或 270°，加工角度取-90°或 270°。

二、车削精加工

轮廓精车功能用于实现对工件外轮廓表面、内轮廓表面和端面的精车加工。做轮廓精车时要确定被加工轮廓，被加工轮廓就是加工结束后的工件表面轮廓，被加工轮廓不能闭合或自相交。

1. 操作步骤

（1）在功能区中的“数控车”选项卡中选取“车削精加工”菜单项，系统弹出加工参数表，如图 4-3-9 所示。在参数表中首先要确定被加工的是外轮廓表面，还是内轮廓表面或端面，接着按加工要求确定其他各加工参数。

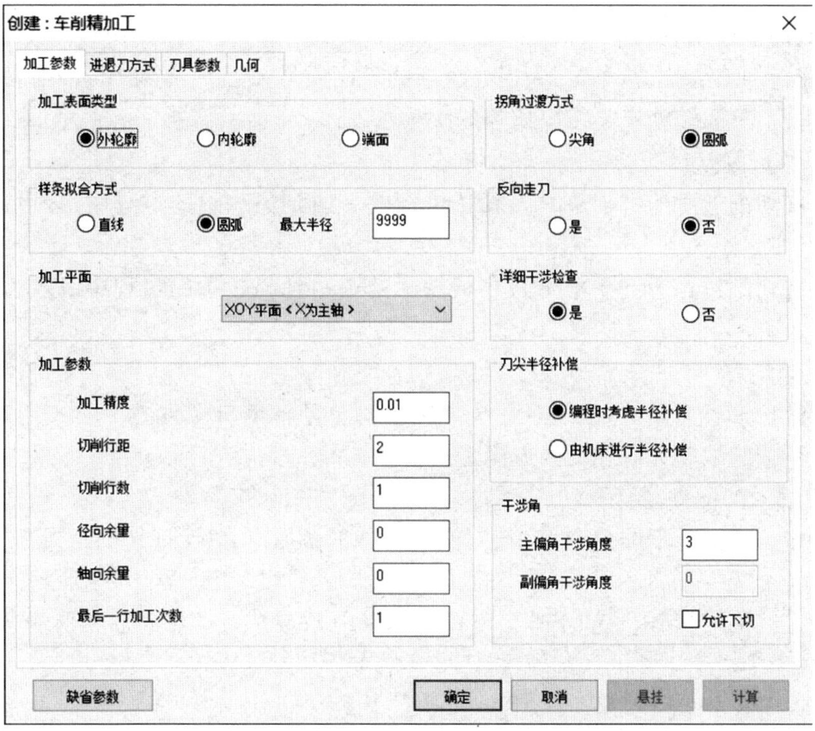

图 4-3-9　车削精加工——加工参数

（2）确定参数后拾取被加工轮廓，此时可使用系统提供的轮廓拾取工具。

（3）选择完轮廓后确定进退刀点，指定一点为刀具加工前和加工后所在的位置。按鼠标右键可忽略该点的输入。

完成上述步骤后即可生成精车加工轨迹。在“数控车”选项卡中选取“后置处理”功能，拾取刚生成的刀具轨迹，即可生成加工指令。

2. 加工参数

加工参数主要用于对精车加工中的各种工艺条件和加工方式进行限定，如图 4-3-9

所示。

各加工参数含义说明如下：

（1）加工表面类型

外轮廓：采用外轮廓车刀加工外轮廓，此时缺省加工方向角度为180°。

内轮廓：采用内轮廓车刀加工内轮廓，此时缺省加工方向角度为180°。

车端面：此时缺省加工方向应垂直于系统 X 轴，即加工角度为-90°或270°。

（2）加工参数

切削行距：行与行之间的距离。沿加工轮廓走刀一次称为一行。

切削行数：刀位轨迹的加工行数，不包括最后一行的重复次数。

加工余量：被加工表面没有加工的部分的剩余量。

加工精度：用户可按需要来控制加工的精度。对轮廓中的直线和圆弧，机床可以精确地加工；对由样条曲线组成的轮廓，系统将按给定的精度把样条转化成直线段来满足用户所需的加工精度。

最后一行加工次数：精车时，为提高车削的表面质量，最后一行常常在相同进给量的情况进行多次车削，该处定义多次切削的次数。

（3）拐角过渡方式

圆弧：在切削过程遇到拐角时刀具从轮廓的一边到另一边的过程中，以圆弧的方式过渡。

尖角：在切削过程遇到拐角时刀具从轮廓的一边到另一边的过程中，以尖角的方式过渡。

（4）反向走刀

否：刀具按缺省方向走刀，即刀具从 Z 轴正向向 Z 轴负向移动。

是：刀具按与缺省方向相反的方向走刀。

（5）详细干涉检查

否：假定刀具前后干涉角均为0°，对凹槽部分不做加工，以保证切削轨迹无前角及底切干涉。

是：加工凹槽时，用定义的干涉角度检查加工中是否有刀具前角及底切干涉，并按定义的干涉角度生成无干涉的切削轨迹。

（6）刀尖半径补偿

编程时考虑半径补偿：在生成加工轨迹时，系统根据当前所用刀具的刀尖半径进行补偿计算（按假想刀尖点编程）。所生成代码即为已考虑半径补偿的代码，无须机床再进行刀尖半径补偿。

由机床进行半径补偿：在生成加工轨迹时，假设刀尖半径为0，按轮廓编程，不进行刀尖半径补偿计算。所生成代码在用于实际加工时应根据实际刀尖半径由机床指定补偿值。

（7）干涉角

主偏角干涉角度：做前角干涉检查时，确定干涉检查的角度。

副偏角干涉角度：做底切干涉检查时，确定干涉检查的角度。当钩选允许下切选项时可用。

3. 进退刀方式

点击“进退刀方式”标签即进入进退刀方式参数表。该参数表用于对加工中的进退刀方式进行设定,如图4-3-10所示。

图4-3-10 车削精加工——进退刀方式

(1)进刀方式

1)与加工表面成定角:指在每一切削行前加入一段与轨迹切削方向夹角成一定角度的进刀段,刀具垂直进刀到该进刀段的起点,再沿该进刀段进刀至切削行。角度定义该进刀段与轨迹切削方向的夹角,长度定义该进刀段的长度。

2)垂直进刀:指刀具直接进刀到每一切削行的起始点。

3)矢量进刀:指在每一切削行前加入一段与机床 Z 轴正向(系统 X 正方向)成一定夹角的进刀段,刀具进刀到该进刀段的起点,再沿该进刀段进刀至切削行。角度定义矢量(进刀段)与机床 Z 轴正向(系统 X 正方向)的夹角,长度定义矢量(进刀段)的长度。

(2)退刀方式

1)与加工表面成定角:指在每一切削行后加入一段与轨迹切削方向夹角成一定角度的退刀段,刀具先沿该退刀段退刀,再从该退刀段的末点开始垂直退刀。角度定义该退刀段与轨迹切削方向的夹角,长度定义该退刀段的长度。

2)垂直退刀:指刀具直接进刀到每一切削行的起始点。

3)矢量退刀:指在每一切削行后加入一段与机床 Z 轴正向(系统 X 正方向)成一定

夹角的退刀段,刀具先沿该退刀段退刀,再从该退刀段的末点开始垂直退刀。角度定义矢量(退刀段)与机床 Z 轴正向(系统 X 正方向)的夹角,长度定义矢量(退刀段)的长度。

4. 切削用量

切削用量参数表的说明请参考“车削粗加工”中的说明。

5. 轮廓车刀

点击“刀具参数”标签可进入轮廓车刀参数设置页。该页用于对加工中所用的刀具参数进行设置。具体参数说明请参考“车削粗加工”中的说明。

6. 几何

点击“几何”标签可进入几何参数设置页。该页用于对加工中所用的轮廓进行设置。与车削粗加工不同的是,在精加工中,不需要设置毛坯轮廓,如图 4-3-11 所示。

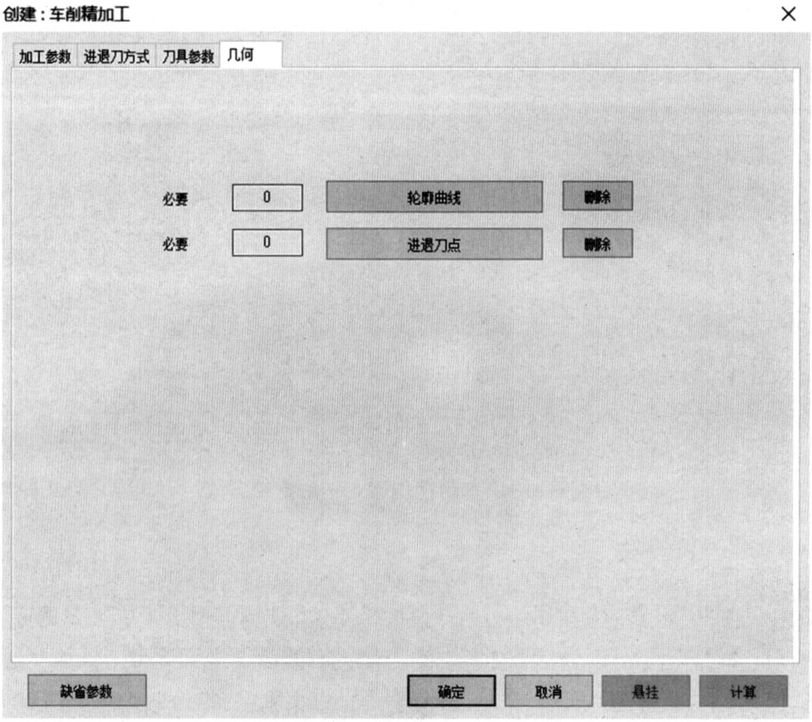

图 4-3-11　车削精加工——几何

三、车削槽加工

该功能用于在工件外轮廓表面、内轮廓表面和端面切槽。

切槽时要确定被加工轮廓,被加工轮廓就是加工结束后的工件表面轮廓,被加工轮廓不能闭合或自相交。

1. 操作步骤

(1)在功能区中的“数控车”选项卡中选取“车削槽加工”菜单项,系统弹出加工参数表,如图 4-3-12 所示。在参数表中首先要确定被加工的是外轮廓表面,还是内轮廓表面或端面，接着按加工要求确定其他各加工参数。

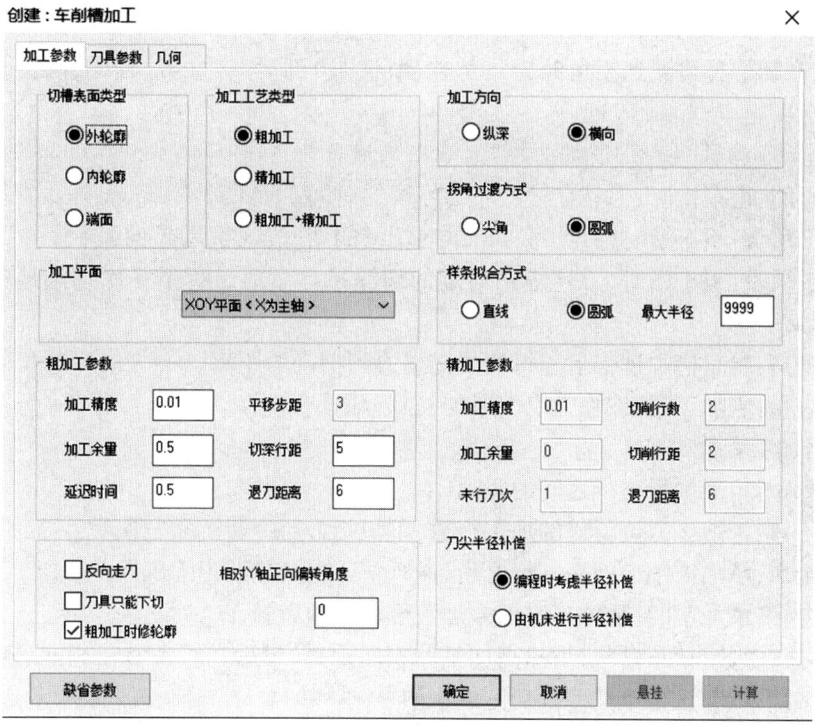

图 4–3–12　车削槽加工——加工参数

（2）确定参数后拾取被加工轮廓，此时可使用系统提供的轮廓拾取工具。

（3）选择完轮廓后确定进退刀点。指定一点为刀具加工前和加工后所在的位置。按鼠标右键可忽略该点的输入。

完成上述步骤后即可生成切槽加工轨迹。在“数控车”选项卡中选取“后置处理”功能，拾取刚生成的刀具轨迹，即可生成加工指令。

2. 加工参数

加工参数主要对切槽加工中各种工艺条件和加工方式进行限定，如图 4–3–12 所示。

各加工参数含义说明如下：

（1）加工轮廓类型

外轮廓：外轮廓切槽，或用切槽刀加工外轮廓。

内轮廓：内轮廓切槽，或用切槽刀加工内轮廓。

端面：端面切槽，或用切槽刀加工端面。

（2）加工工艺类型

粗加工：对槽只进行粗加工。

精加工：对槽只进行精加工。

粗加工+精加工：对槽进行粗加工之后接着做精加工。

(3)拐角过渡方式

圆角:在切削过程遇到拐角时刀具从轮廓的一边到另一边的过程中,以圆弧的方式过渡。

尖角:在切削过程遇到拐角时刀具从轮廓的一边到另一边的过程中,以尖角的方式过渡。

(4)粗加工参数

延迟时间:粗车槽时,刀具在槽的底部停留的时间。

切深平移量:粗车槽时,刀具每一次纵向切槽的切入量(机床 X 向)。

水平平移量:粗车槽时,刀具切到指定的切深平移量后进行下一次切削前的水平平移量(机床 Z 向)。

退刀距离:粗车槽中进行下一行切削前退刀到槽外的距离。

加工余量:粗加工时,被加工表面未加工部分的预留量。

(5)精加工参数

切削行距:精加工行与行之间的距离。

切削行数:精加工刀位轨迹的加工行数,不包括最后一行的重复次数。

退刀距离:精加工中切削完一行之后,进行下一行切削前退刀的距离。

加工余量:精加工时,被加工表面未加工部分的预留量。

末行加工次数:精车槽时,为提高加工的表面质量,最后一行常常在相同进给量的情况下进行多次车削,该处定义多次切削的次数。

3. 切削用量

切削用量参数表的说明请参考“车削粗加工”中的说明。

4. 切槽车刀

点击“刀具参数”标签可进入切槽车刀参数设置页,如图 4-3-13 所示。该页用于对加工中所用的切槽刀具参数进行设置。

各参数含义说明如下。

(1)刀具号:刀具的系列号,用于后置处理的自动换刀指令。刀具号唯一,并对应机床的刀库。

(2)刀具补偿号:刀具补偿值的序列号,其值对应于机床的数据库。

(3)刀具长度:刀具的总体长度。

(4)刀柄宽度:刀具可夹持段的宽度。

(5)刀刃宽度:刀具切削刃的宽度。

(6)刀尖半径:刀尖部分用于切削的圆弧的半径。

(7)刀具引角:刀具切削段两侧边与垂直于切削方向的夹角。

刀柄宽度和刀具位置按照默认设置即可,对加工编程无影响。

编程刀位要与实际对刀位置一致。

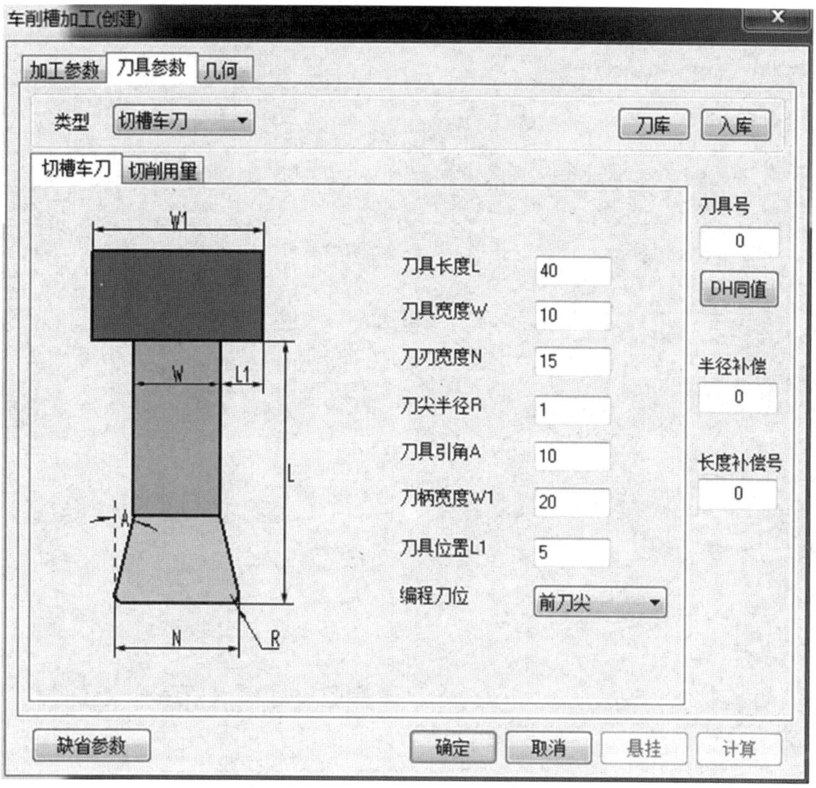

图 4-3-13 车削槽加工——切槽车刀

5. 几何

在切槽加工中，只需要设置轮廓曲线和进退刀点即可，具体方法可参考车削粗加工和车削精加工功能。

四、车螺纹加工

该功能为非固定循环方式加工螺纹，可对螺纹加工中的各种工艺条件、加工方式进行更为灵活地控制。

1. 操作步骤

(1)在功能区中的“数控车”选项卡中选取“车螺纹加工” 菜单项，弹出加工参数表，如图 4-3-14 所示。用户可在该参数表对话框中确定各加工参数。

(2)拾取螺纹起点、终点、进退刀点。

(3)参数填写完毕，选择确认按钮，即生成螺纹车削刀具轨迹。

在“数控车”菜单区中选取“后置处理”功能项，拾取刚生成的刀具轨迹，即可生成螺纹加工指令。

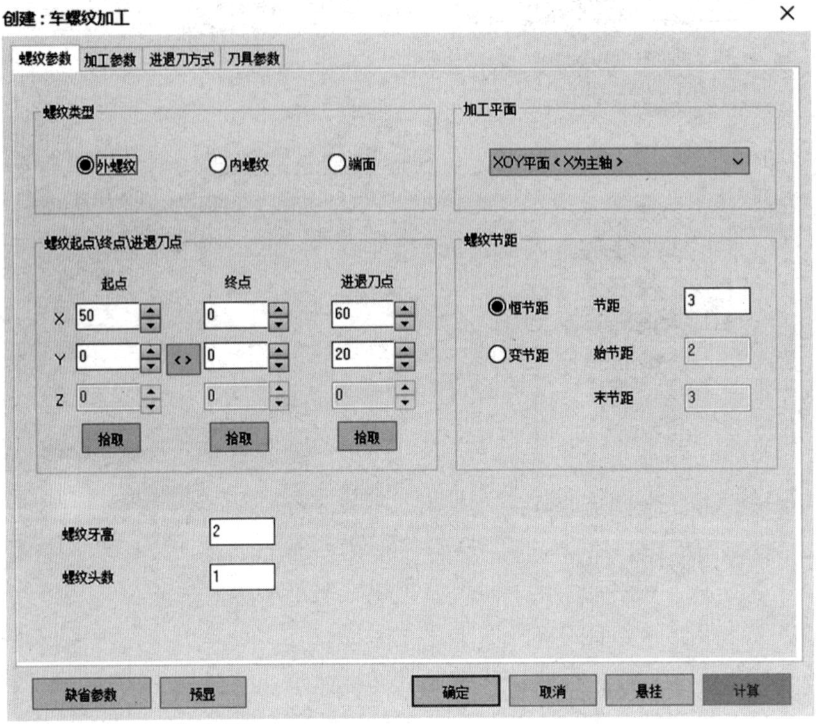

图 4-3-14 车螺纹加工——螺纹参数

2. 螺纹参数

“螺纹参数”参数表主要包含了与螺纹性质相关的参数，如螺纹深度、节距、头数等。螺纹起点和终点坐标来自前一步的拾取结果，用户也可以进行修改。

各螺纹参数含义说明如下。

(1)起点坐标：车螺纹的起始点坐标，单位为毫米。

(2)终点坐标：车螺纹的终止点坐标，单位为毫米。

(3)进退刀点坐标：车螺纹加工进刀与退刀点的坐标，单位为毫米。

(4)螺纹牙高：螺纹牙的高度。

(5)螺纹头数：螺纹起始点到终止点之间的牙数。

(6)螺纹节距

1)恒定节距：两个相邻螺纹轮廓上对应点之间的距离为恒定值。

节距：恒定节距值。

2)变节距：两个相邻螺纹轮廓上对应点之间的距离为变化的值。

始节距：起始端螺纹的节距。

末节距：终止端螺纹的节距。

3. 加工参数

点击对话框中的“加工参数”标签即进入加工参数表，如图 4-3-15 所示，“加工参数”参数表则用于对螺纹加工中的工艺条件和加工方式进行设置。

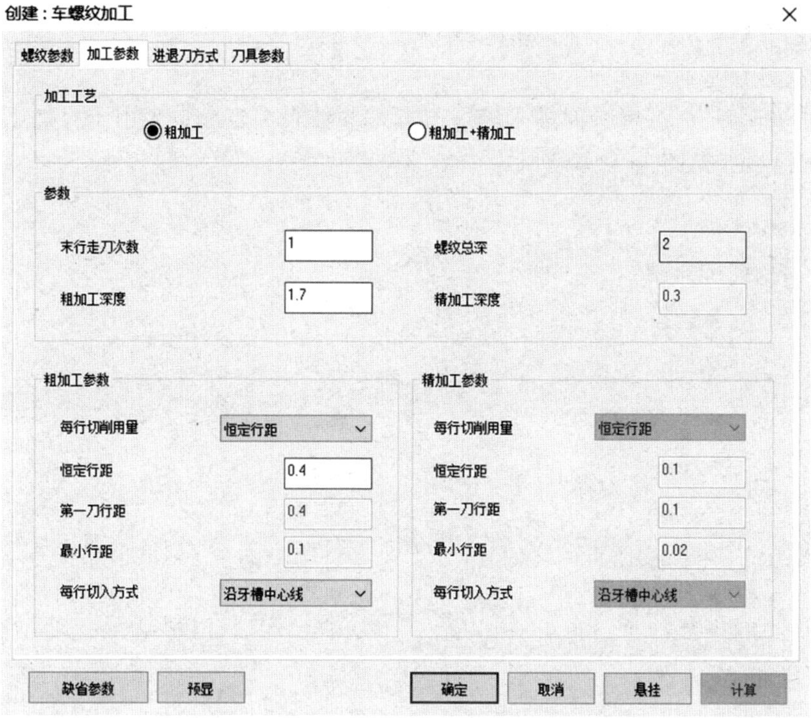

图 4-3-15　车螺纹加工——加工参数

各螺纹加工参数含义说明如下：

(1)加工工艺

1)粗加工：指直接采用粗切方式加工螺纹。

2)粗加工+精加工方式：指根据指定的粗加工深度进行粗切后，再采用精切方式(如采用更小的行距)切除剩余余量(精加工深度)。

(2)末刀走刀次数：为提高加工质量，最后一个切削行有时需要重复走刀多次，此时需要指定重复走刀次数。

(3)螺纹总深：螺纹粗加工和精加工总的切深量。

(4)粗加工深度：螺纹粗加工的切深量。

(5)精加工深度：螺纹精加工的切深量。

(6)每行切削用量

1)恒定行距：加工时沿恒定的行距进行加工。

2)恒定切削面积：为保证每次切削的切削面积恒定，各次切削深度将逐步减小，直至等于最小行距。用户需指定第一刀行距及最小行距。吃刀深度规定如下：第 n 刀的吃刀深度为第一刀吃刀深度的$\sqrt{n}$倍。

(7)每行切入方式：指刀具在螺纹始端切入时的切入方式。刀具在螺纹末端的退出方式与切入方式相同。

1)沿牙槽中心线：切入时沿牙槽中心线。

2)沿牙槽右侧:切入时沿牙槽右侧;

3)左右交替:切入时沿牙槽左右交替。

4. 进退刀方式

点击“进退刀方式”标签即进入进退刀方式参数表。该参数表用于对加工中的进退刀方式进行设定,如图 4-3-16 所示。

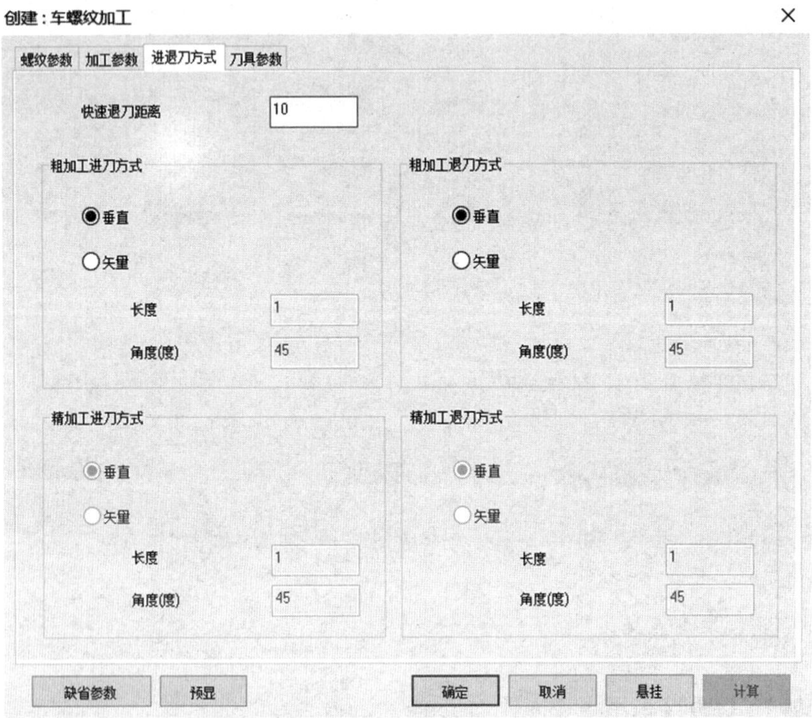

图 4-3-16　车螺纹加工——进退刀方式

(1)进刀方式

1)垂直:指刀具直接进刀到每一切削行的起始点。

2)矢量:指在每一切削行前加入一段与系统 X 轴(机床 Z 轴)正方向成一定夹角的进刀段,刀具进刀到该进刀段的起点,再沿该进刀段进刀至切削行。

3)长度:定义矢量(进刀段)的长度。

4)角度:定义矢量(进刀段)与系统 X 轴正方向的夹角。

(2)退刀方式

1)垂直:指刀具直接退刀到每一切削行的起始点。

2)矢量:指在每一切削行后加入一段与系统 X 轴(机床 Z 轴)正方向成一定夹角的退刀段,刀具先沿该退刀段退刀,再从该退刀段的末点开始垂直退刀。

3)长度:定义矢量(退刀段)的长度。

4)角度:定义矢量(退刀段)与系统 X 轴正方向的夹角。

(3)快速退刀距离:以给定的退刀速度回退的距离(相对值),在此距离上以机床允许的最大进给速度 G0 退刀。

5. 切削用量

切削用量参数表的说明请参考“轮廓粗车”中的说明。

6. 螺纹车刀

点击“螺纹车刀”标签可进入螺纹车刀参数设置页，如图 4-3-17 所示，该页用于对加工中所用的螺纹车刀参数进行设置。

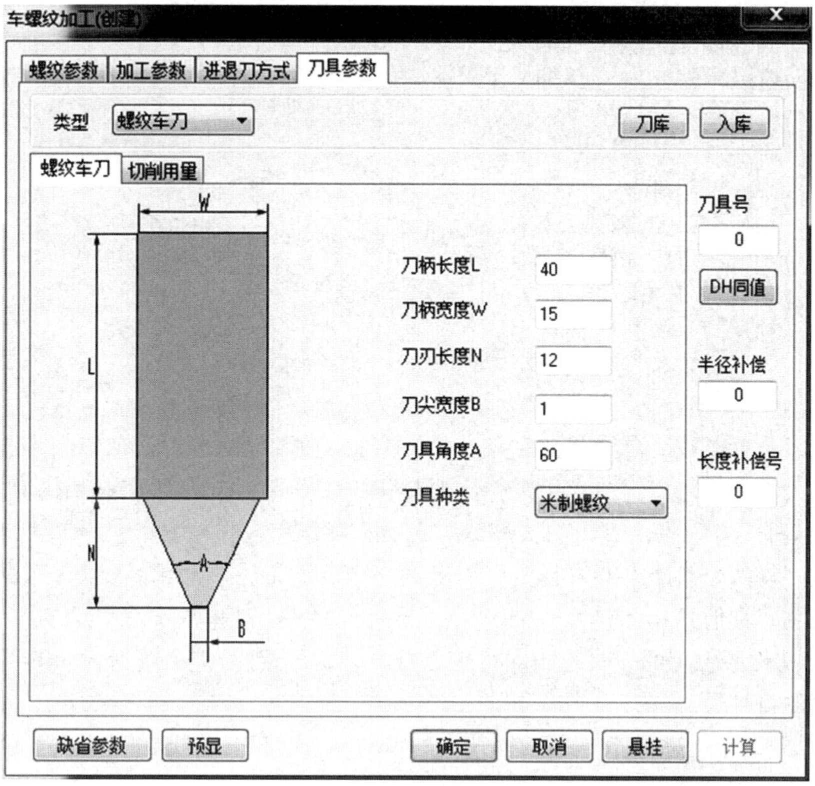

图 4-3-17 车螺纹加工——螺纹车刀

五、轨迹编辑

对生成的轨迹不满意时可以用参数修改功能对轨迹的各种参数进行修改，以生成新的加工轨迹。

1. 操作步骤

在绘图区左侧的管理树中，双击轨迹下的加工参数节点，将弹出该轨迹的参数表供用户修改。参数修改完毕选取“确定”按钮，即依据新的参数重新生成该轨迹。

2. 管理树

管理树是 CAXA CAM 数控车 2020 新增的一项功能，它以树形图的形式，直观地展示了当前文档的刀具、轨迹、代码等信息，并提供了很多树上的操作功能，便于用户执行各项与数控车相关的命令。善用管理树，将大大提高数控车软件的使用效率。

管理树框体默认位于绘图区的左侧,用户可以自由拖动它到喜欢的位置,也可以将其隐藏起来。管理树有一个"加工"总节点,总节点下有"刀库""轨迹""代码"三个子节点,分别用于显示和管理刀具信息、轨迹信息和 G 代码信息。

在管理树空白位置或者"加工"节点上点击鼠标右键,可以弹出相应的右键菜单,菜单中包含了主菜单中数控车子菜单下的所有命令。用户可以通过这种方法来快捷地使用这些命令。

(1)刀库节点。刀库节点用于管理文档中的刀具信息。在"刀库"节点上单击右键可以弹出刀库相关的菜单(图 4-3-18),可以执行"创建刀具""导入刀具""导出刀具"命令。通过创建刀具和导入刀具加入到文档中的刀具会以子节点的形式,添加到刀库节点下。

图 4-3-18　刀库右键菜单

单击刀具节点可以在绘图区原点处显示刀具的形状,双击刀具节点可以执行"编辑刀具"命令,右键单击刀具节点可以弹出刀具相关的菜单,可以执行"编辑刀具""导出刀具""修改备注"等刀具命令,以及"删除""复制""粘贴"这些通用命令。

导出刀具命令将选中的刀具信息输出到一个. tld 文件中,而导入刀具命令将. tld 文件中保存的刀具信息重新读入文档中。需要注意的是,刀库中不允许刀具号相同的刀具,若. tld 文件中保存的刀具号与文档中已有的刀具号相同,则会给新读入的刀具自动安排一个新的刀具号。

(2)轨迹节点。轨迹节点用于管理文档中的轨迹信息。在"轨迹"节点上单击右键可以弹出轨迹相关的菜单,可以执行"展开文件夹""收起文件夹""新建文件夹""按刀具分组"四个文件夹操作命令和所有的生成轨迹的命令。文档中所有的轨迹都会以子节点的形式添加到轨迹节点下。

新建文件夹命令可以在轨迹节点下生成文件夹节点,用于存放每个轨迹的节点。

展开文件夹命令可以将文件夹节点和其中所有的轨迹子节点展开显示在管理树上,用户可以看到文件夹中轨迹的细节信息。

收起文件夹命令可以将文件夹节点和其中所有的轨迹子节点从管理树上收起,此时用户只能看到文件夹名称。

按刀具分组命令可以自动将所有轨迹按照轨迹使用的刀具分组,每个使用的刀具生成一个文件夹节点,文件夹名称即为刀具名称,而使用该刀具的轨迹则加入到该文件夹节点下。使用这个命令可以方便地对使用同一刀具的轨迹进行统一的操作。

在文件夹节点单击右键可以同时选中文件夹下的所有轨迹,并弹出一个相关的菜单。可以执行"展开文件夹""收起文件夹""删除文件夹""重命名文件夹"这四个文件夹命令，以及“显示”“隐藏”“轨迹重置”“线框仿真”“后置处理”这些轨迹命令，以及删除文件夹中的轨迹。

单个轨迹的子节点也包含有丰富的内容。其中，路径子节点标识了轨迹的长度信息，加工参数子节点可以通过双击来执行“轨迹编辑”命令，刀具子节点显示了轨迹加工使用的刀具，坐标系子节点显示了轨迹使用的坐标系，几何元素子节点包含了轨迹相关的几何信息。单击这些几何节点，可以在绘图区亮显这些几何元素。

在轨迹子节点上单击右键可以弹出一个轨迹相关的菜单，可以执行“显示”“隐藏”“轨迹重置”“轨迹编辑”“修改备注”“线框仿真”“后置处理”这些轨迹命令，以及“删除”“平移”“复制”“粘贴”等通用命令。

修改备注命令可以给轨迹添加备注信息，方便与文档中的其他轨迹进行区别。

(3)代码节点。代码节点用于管理文档中的 G 代码信息。在“代码”节点上单击右键可以弹出 G 代码相关的菜单，可以执行“创建代码”“保存代码”命令。

创建代码命令可以新建一个空白的 G 代码，用户可以自由地对其进行编辑，而保存代码命令可以将 G 代码保存为指定后缀名的文件。

通过创建代码和后置处理生成的 G 代码会以子节点的形式添加到代码节点下。如图 4–3–19 所示。

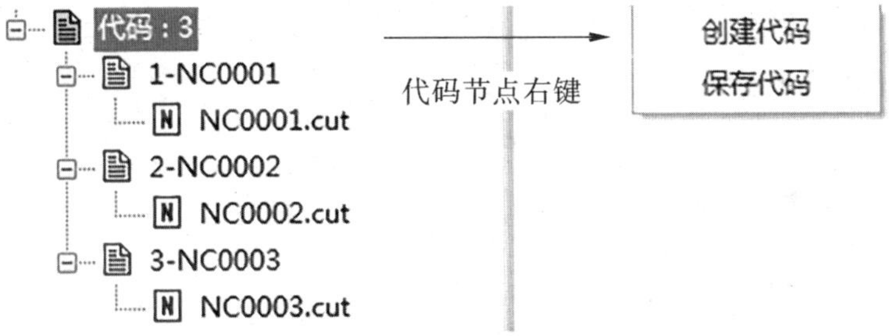

图 4–3–19 代码右键菜单

双击代码子节点可以执行“编辑代码”命令，在代码子节点单击右键可以弹出与 G 代码相关的菜单，可以执行“编辑代码”“保存代码”这两个代码命令，以及“删除”“复制”“粘贴”这些通用命令。如图 4–3–20 所示。

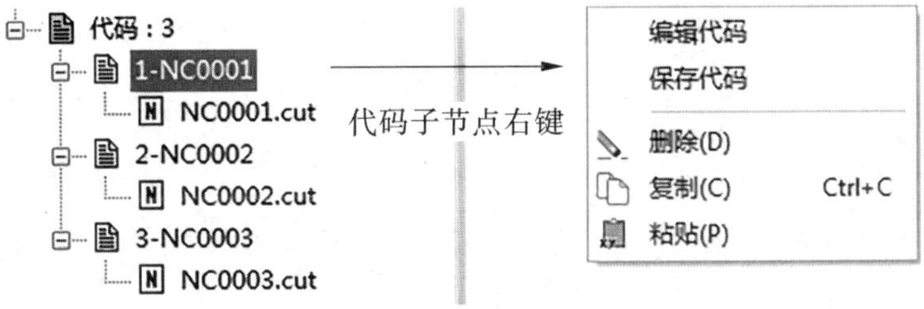

图 4–3–20 代码子节点右键菜单

六、轨迹仿真

对已有的加工轨迹进行加工过程模拟，以检查加工轨迹的正确性。对系统生成的加工轨迹，仿真时用生成轨迹时的加工参数，即轨迹中记录的参数；对从外部反读进来的刀位轨迹，仿真时用系统当前的加工参数。

轨迹仿真为线框模式，仿真时可调节速度条来控制仿真的速度。仿真时模拟动态的切削过程，不保留刀具在每一个切削位置的图像。如图 4-3-21 所示。

操作步骤如下：

(1)在“数控车”选项卡中选取“线框仿真”功能项。

(2)拾取要仿真的加工轨迹，此时可使用系统提供的选择拾取工具。

(3)按鼠标右键结束拾取，系统弹出仿真对话框，按前进键开始仿真。仿真过程中可进行暂停、上一步、下一步、终止和速度调节等操作。

(4)仿真结束，可以按回首点键重新仿真，或者关闭仿真对话框终止仿真。

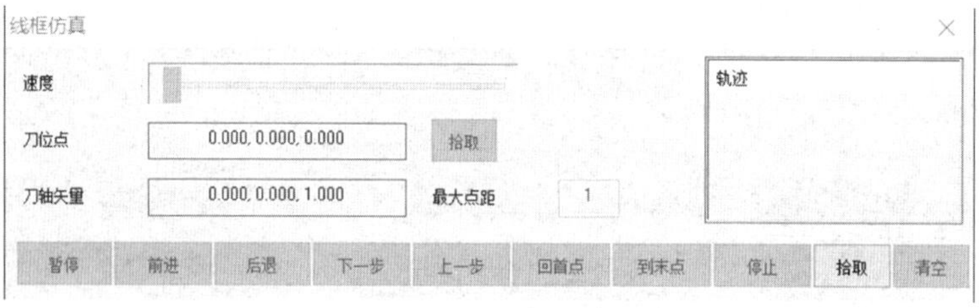

图 4-3-21　线框仿真对话框

七、生成 G 代码

生成 G 代码又被称为后置处理，就是按照当前机床类型的配置要求，把已经生成的加工轨迹转化生成 G 代码数据文件，即 CNC 数控程序，有了数控程序就可以直接输入机床进行数控加工。

操作步骤如下：

(1)在“数控车”选项卡中选取“生成 G 代码”功能项，则弹出一个对话框，如图 4-3-22 所示。用户需选择生成的数控程序所适用的数控系统和机床系统信息，它表明目前所调用的机床配置和后置设置情况。

(2)拾取加工轨迹。被拾取到的轨迹名称和编号会显示在列表中，鼠标右键结束拾取。被拾取轨迹的代码将生成在一个文件当中，生成的先后顺序与拾取的先后顺序相同。按后置键即可弹出代码编辑对话框。

在代码编辑对话框中，可以手动修改代码，设定代码文件名称与后缀名，并保存代码。右侧的备注框中可以看到轨迹与代码的相关信息。

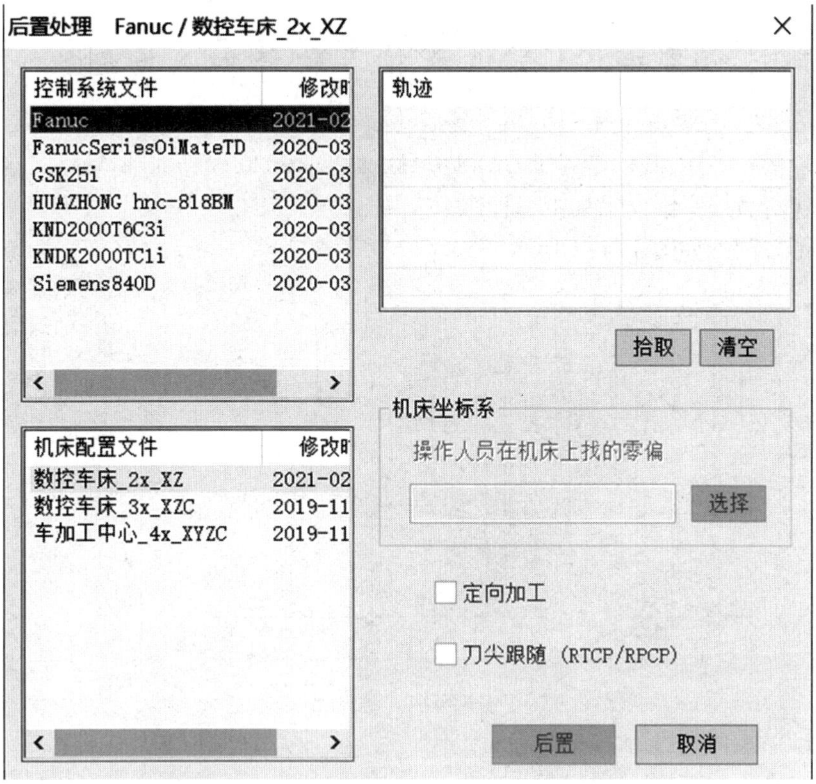

图 4-3-22 后置处理——“生成 G 代码”对话框

八、反读轨迹

反读轨迹就是把生成的 G 代码文件反读进来,生成刀具轨迹,以检查生成的 G 代码的正确性。如果反读的刀位文件中包含圆弧插补,需用户指定相应的圆弧插补格式。否则可能得到错误的结果。若后置文件中的坐标输出格式为整数,且机床分辨率不为 1 时,反读的结果是不对的。亦即系统不能读取坐标格式为整数且分辨率为非 1 的情况。

操作步骤:在“数控车”选项卡中选取“校验 G 代码”功能项,则弹出一个需要用户选取数控程序的对话框。系统要求用户选取需要校对的 G 代码程序。拾取到要校对的数控程序后,系统根据程序 G 代码立即生成刀具轨迹。

注意事项:

刀位校核只用来进行对 G 代码的正确性进行检验,由于精度等方面的原因,用户应避免将反读出的刀位重新输出,因为系统无法保证其精度。

校对刀具轨迹时,如果存在圆弧插补,则系统要求选择圆心的坐标编程方式,其含义可参考后置设置中的说明。用户应正确选择对应的形式,否则会导致错误。

任务四 CAXA数控车软件加工案例

在前面的任务中，我们学习了CAXA CAM数控车2020软件的基本操作，接下来我们结合案例进行数控车削自动加工编程练习。

1. 锥形轴图纸如图4-4-1所示。

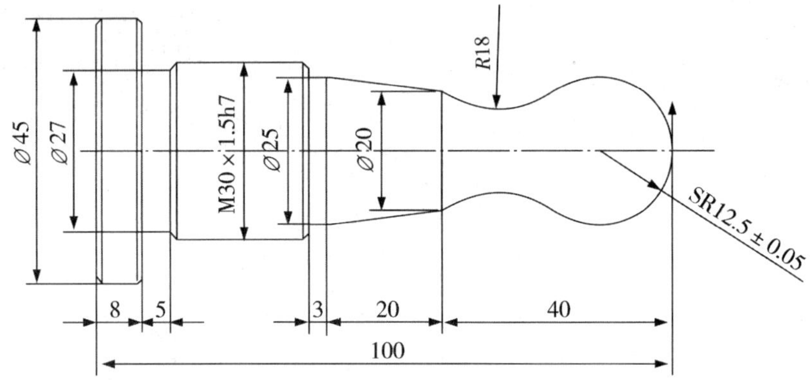

图4-4-1 锥形轴

2. 锥形轴车削工艺

根据加工工艺要求，该零件全部由数控车完成，在车削时选择三爪卡盘装夹，先加工零件的外轮廓部分，切削5 mm宽的螺纹退刀槽，加工M30×1.5的细牙螺纹，最后再切断即可完成加工。具体加工参数如表4-4-1所示。

表4-4-1 锥形轴车削工艺参数

工序号	程序编号	夹具名称		使用设备		车间	
		三爪卡盘		CKA6150数控车床		数控车实训室	
工步	工步内容	刀具号	刀具规格	主轴转速/(r/min)	进给速度/(mm/min)	背吃刀	备注
1	粗车外表面	T02	25×25	320	150	1	自动
2	精车外表面	T03	25×25	320	100	0.5	自动
3	切退刀槽	T05	25×25	200		$B=3$	手/自动
4	加工螺纹	T04	25×25	320	1.5 mm/r		自动
5	切断	T05	25×25	320	80	$B=3$	手动

3. 锥形轴加工

(1)粗车加工。锥形轴车削粗加工参数见表4-4-2。

表 4-4-2 锥形轴车削粗加工参数

<table>
<tr><td colspan="2">刀具参数</td><td></td><td>快速退刀距离</td><td>$L=5$</td></tr>
<tr><td>刀具名</td><td>93°右手外圆偏刀</td><td colspan="3">切削用量</td></tr>
<tr><td>刀具号</td><td>T02</td><td rowspan="4">速度设定</td><td>进退刀快速走刀</td><td>否</td></tr>
<tr><td>刀具补偿号</td><td>02</td><td>接近速度</td><td>50</td></tr>
<tr><td>刀柄长度</td><td>120</td><td>退刀速度</td><td>50</td></tr>
<tr><td>刀柄宽度</td><td>25</td><td>进给量</td><td>150</td></tr>
<tr><td>刀角长度</td><td>10</td><td rowspan="3">主轴转速选项</td><td>恒转速</td><td>320</td></tr>
<tr><td>刀尖半径</td><td>1</td><td>恒线速度</td><td></td></tr>
<tr><td>刀具前角</td><td>87</td><td>主轴最高转速</td><td>2 000</td></tr>
<tr><td>刀具后角</td><td>52</td><td rowspan="3">样条拟合方式</td><td>直线拟合</td><td></td></tr>
<tr><td>轮廓车刀类型</td><td>外轮廓车刀</td><td>圆弧拟合</td><td></td></tr>
<tr><td>对刀点方式</td><td>刀尖尖点</td><td>拟合最大半径</td><td>999</td></tr>
<tr><td>刀具类型</td><td>普通车刀</td><td colspan="3">加工参数</td></tr>
<tr><td>刀具偏置方向</td><td>左偏</td><td>加工表面方式</td><td colspan="2">外轮廓</td></tr>
<tr><td colspan="2">进退刀方式</td><td>加工方式</td><td colspan="2">行切方式</td></tr>
<tr><td rowspan="3">每行相对毛坯进刀方式</td><td>与加工表面成定角</td><td>$L=2, A=45$</td><td>加工精度</td><td>0.1</td></tr>
<tr><td>垂直</td><td>否</td><td>加工余量</td><td>0.3</td></tr>
<tr><td>矢量</td><td>否</td><td>加工角度</td><td>180</td></tr>
<tr><td rowspan="3">每行相对加工表面进刀方式</td><td>与加工表面成定角</td><td></td><td>切削行距</td><td>3</td></tr>
<tr><td>垂直</td><td>是</td><td>干涉前角</td><td>0</td></tr>
<tr><td>矢量</td><td></td><td>干涉后角</td><td>52</td></tr>
<tr><td rowspan="3">每行相对毛坯退刀方式</td><td>与加工表面成定角</td><td>$L=2, A=45$</td><td>拐角过度方式</td><td>尖角</td></tr>
<tr><td>垂直</td><td>否</td><td>反向走刀</td><td>否</td></tr>
<tr><td>矢量</td><td>否</td><td>详细干涉检查</td><td>是</td></tr>
<tr><td rowspan="3">每行相对加工表面退刀方式</td><td>与加工表面成定角</td><td></td><td>退刀沿轮廓走刀</td><td>否</td></tr>
<tr><td>垂直</td><td>是</td><td rowspan="2">刀尖半径补偿</td><td rowspan="2">编程考虑半径补偿</td></tr>
<tr><td>矢量</td><td></td></tr>
</table>

进退刀点：$Z=30, X=75$。

粗加工操作步骤如下：

1）定义毛坯，如图 4-4-2 所示。

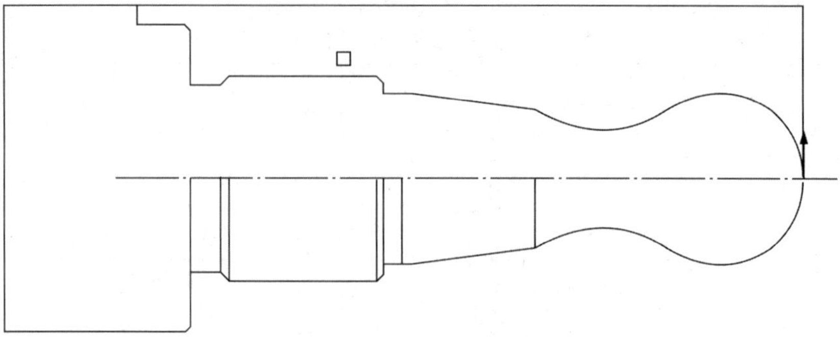

图 4-4-2　定义毛坯

2)粗加工参数设定。参考粗车加工参数汇总表,分别设置“加工参数”“进退刀”“切削用量”“轮廓车刀”参数。如图 4-4-3 所示。

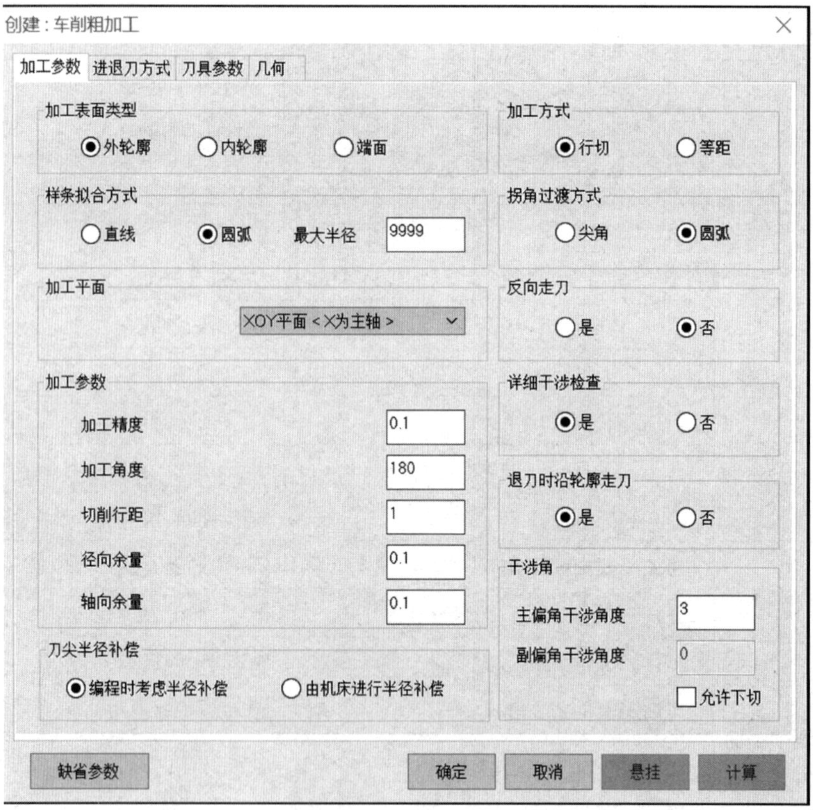

图 4-4-3　加工参数

3)定义刀具参数,如图 4-4-4 所示。

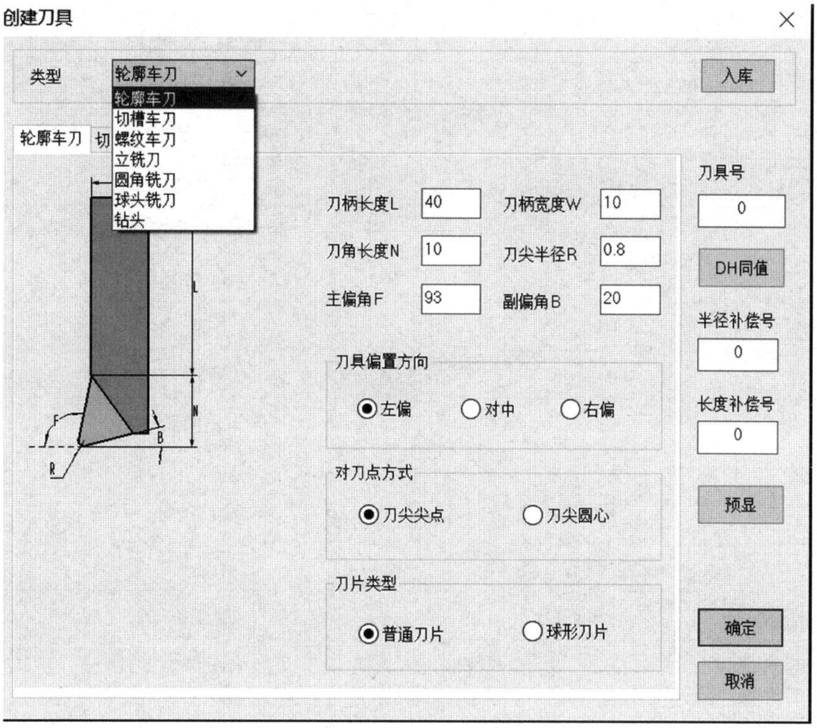

图 4-4-4　刀具参数

4)生成加工轨迹。分别拾取被加工表面和毛坯面(注意被加工表面和毛坯面必须是封闭曲线),切入点坐标为 $Z=30$,$X=75$,生成刀具轨迹。如图 4-4-5 所示。

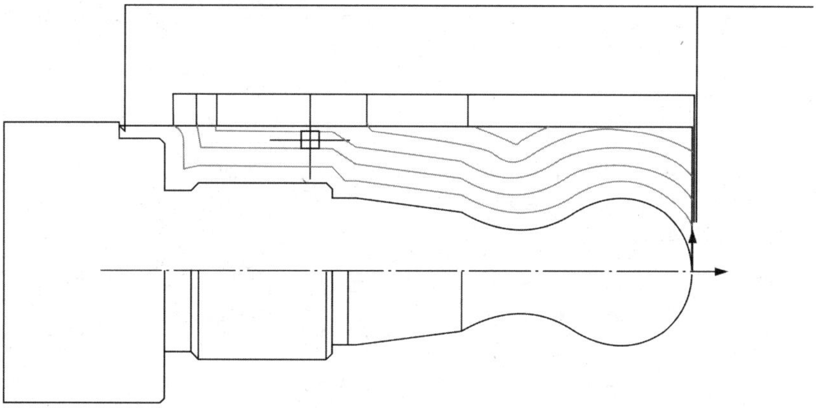

图 4-4-5　加工轨迹

5)轨迹仿真:略。

6)代码生成:略。

(2)外轮廓精车。锥形轴车削精加工参数见表 4-4-3。

表 4-4-3 锥形轴车削精加工参数

刀具参数			快速退刀距离	$L=5$
刀具名	93°右手外圆偏刀	切削用量		
刀具号	T03	速度设定	进退刀快速走刀	否
刀具补偿号	03		接近速度	50
刀柄长度	120		退刀速度	50
刀柄宽度	25		进给量	150
刀角长度	10	主轴转速选项	恒转速	320
刀尖半径	1		恒线速度	
刀具前角	87		主轴最高转速	2 000
刀具后角	52	样条拟合方式	直线拟合	
轮廓车刀类型	外轮廓车刀		圆弧拟合	
对刀点方式	刀尖圆点		拟合最大半径	999
刀具类型	普通车刀	加工参数		
刀具偏置方向	左偏	加工表面方式	外轮廓	
进退刀方式		加工方式	行切方式	
每行相对毛坯进刀方式	与加工表面成定角	$L=2, A=45$	加工精度	0.01
	垂直	否	加工余量	0
	矢量	否	加工角度	180
每行相对加工表面进刀方式	与加工表面成定角		切削行距	1
	垂直	是	干涉前角	0
	矢量		干涉后角	52
每行相对毛坯退刀方式	与加工表面成定角	$L=2, A=45$	拐角过度方式	尖角
	垂直	否	反向走刀	否
	矢量	否	详细干涉检查	是
每行相对加工表面退刀方式	与加工表面成定角		退刀沿轮廓走刀	否
	垂直		刀尖半径补偿	编程考虑半径补偿

进退刀点：$Z=30, X=75$。

1)确定加工参数。点击“数控车”中“轮廓精车”命令。参考精车加工参数汇总表，分别设置“加工参数”“进退刀”“切削用量”和“轮廓车刀”参数。如图 4-4-6 所示。

图 4-4-6　精车加工参数

2）生成加工轨迹，如图 4-4-7 所示。

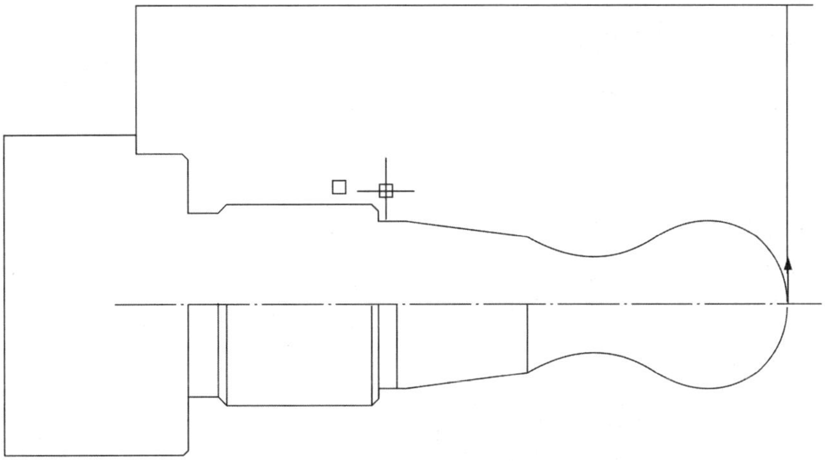

图 4-4-7　精车加工轨迹

（3）切槽。锥形轴车削切槽参数见表 4-4-4。

表 4-4-4 锥形轴车削切槽参数

<table>
<tr><td colspan="2">刀具参数</td><td colspan="6">槽加工参数</td></tr>
<tr><td>刀具名称</td><td>切断刀</td><td colspan="3">切槽 表面类型</td><td colspan="3">外轮廓</td></tr>
<tr><td>刀具号</td><td>T05</td><td colspan="3">加工工艺类型</td><td colspan="3">粗+精加工</td></tr>
<tr><td>刀具补偿号</td><td>05</td><td colspan="3">加工方向</td><td colspan="3">纵深</td></tr>
<tr><td>刀具长度</td><td>30</td><td colspan="3">拐角过度方式</td><td colspan="3">圆角过度</td></tr>
<tr><td>刀具宽度</td><td>3</td><td colspan="3">切入方式</td><td colspan="3">刀具只向下切</td></tr>
<tr><td>刀具刃宽</td><td>3</td><td colspan="3">毛坯余量</td><td colspan="3">0</td></tr>
<tr><td>刀具半径</td><td>0.2</td><td colspan="3">选择角度</td><td colspan="3">0</td></tr>
<tr><td>刀具引角</td><td>6</td><td colspan="3" rowspan="6">粗加工参数</td><td>加工精度</td><td colspan="2">0.1</td></tr>
<tr><td>刀柄宽度</td><td>20</td><td>加工余量</td><td colspan="2">0.3</td></tr>
<tr><td>刀具位置</td><td>17</td><td>延迟时间</td><td colspan="2">0.5</td></tr>
<tr><td rowspan="3">编程刀位点</td><td>前刀尖</td><td>平移步距</td><td colspan="2">2.5</td></tr>
<tr><td></td><td>切深步距</td><td colspan="2">20</td></tr>
<tr><td></td><td>退刀距离</td><td colspan="2">5</td></tr>
<tr><td colspan="4">切削用量</td><td rowspan="6">精加工参数</td><td colspan="2">加工精度</td><td>0.01</td></tr>
<tr><td rowspan="4">速度设定</td><td colspan="2">进退刀是否快速</td><td>是</td><td colspan="2">加工余量</td><td>0</td></tr>
<tr><td colspan="2">接近速度</td><td></td><td colspan="2">末行加工次数</td><td>1</td></tr>
<tr><td colspan="2">退刀速度</td><td></td><td colspan="2">切削行距</td><td>1</td></tr>
<tr><td colspan="2">进给量</td><td>100</td><td colspan="2">退刀距离</td><td>5</td></tr>
<tr><td rowspan="3">主轴转速选项</td><td colspan="2">恒转速</td><td>320</td><td colspan="2">切削行距</td><td>0.5</td></tr>
<tr><td colspan="2">恒线速度</td><td></td><td rowspan="2">刀尖编程补偿</td><td colspan="3" rowspan="2">编程考虑刀尖补偿</td></tr>
<tr><td colspan="2">最高转速</td><td>2 000</td></tr>
</table>

切入切出点：$Z=30$，$X=75$。

1）参数设置，如图 4-4-8 所示。

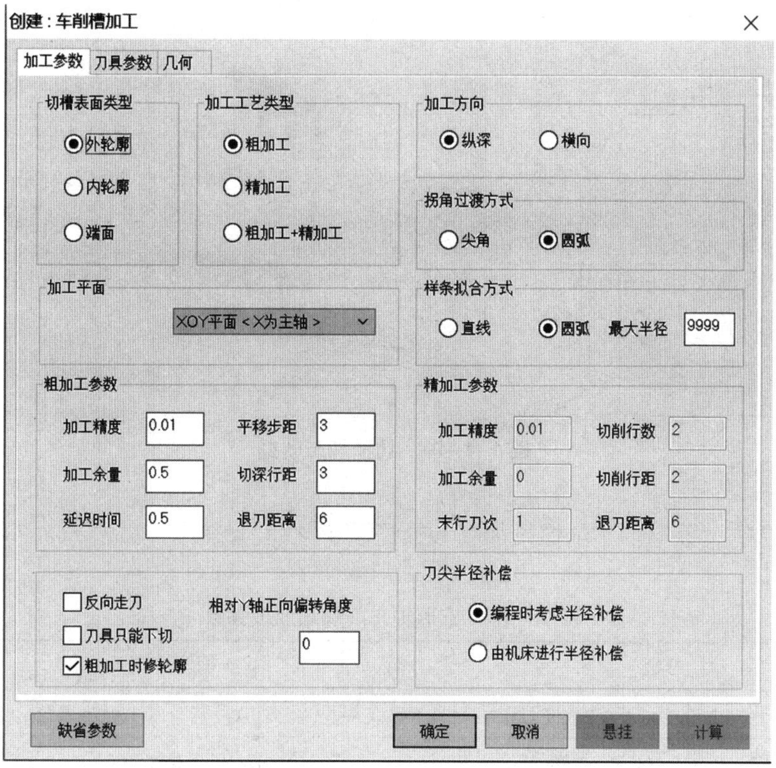

图 4-4-8　切槽加工参数

2）刀具设置，如图 4-4-9 所示。

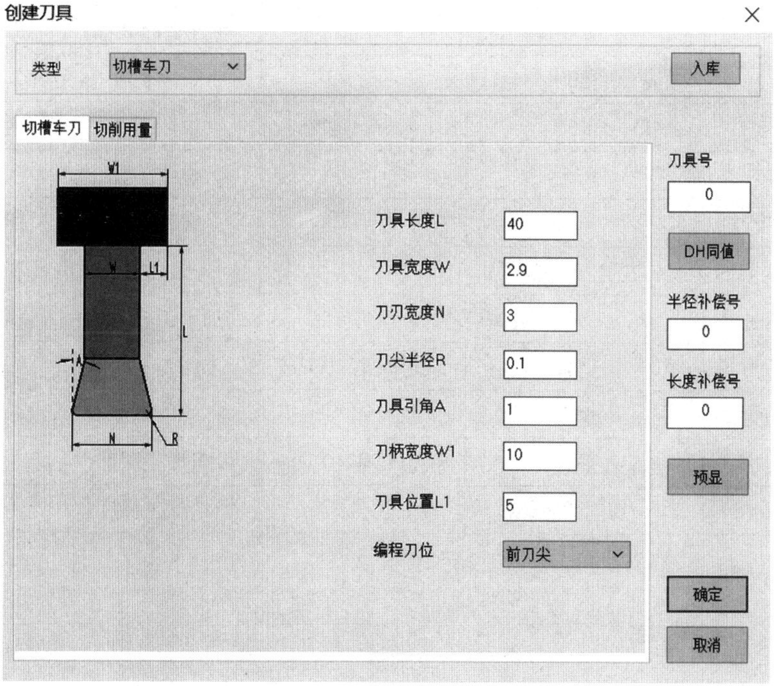

图 4-4-9　切槽加工刀具参数

3)轨迹生成,如图 4-4-10 所示。

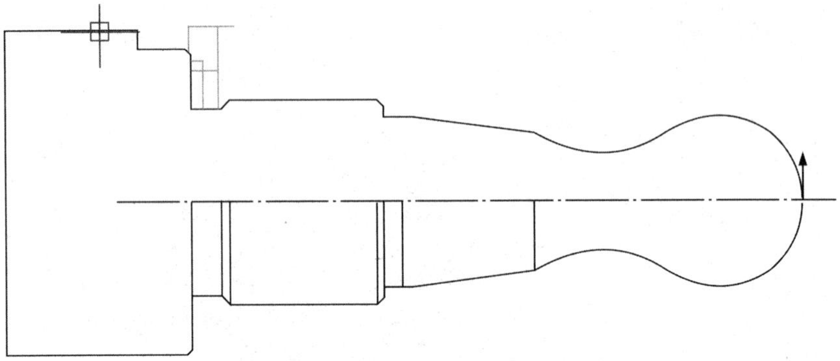

图 4-4-10　切槽加工轨迹

(4)切螺纹。锥形轴车削螺纹加工参数见表 4-4-5。

表 4-4-5　锥形轴车削螺纹加工参数

刀具参数			螺纹参数	
刀具种类	米制螺纹刀	螺纹类型	外螺纹	
刀具名称	60°普通螺纹刀		起点坐标 $X(Y)$	15
刀具号	T04		起点坐标 $Z(X)$	-63
刀具补偿号	04		终点坐标 $X(Y)$	15
刀柄长度	100		终点坐标 $Z(X)$	-87
刀柄宽度	20		螺纹长度	28
刀刃长度	15		螺牙高度	0.974
刀尖宽度	0.5		螺纹头数	1
刀具角度	60		螺纹节距	恒定节距
进退刀方式			螺纹加工参数	
粗加工进刀方式	垂直		加工工艺类型	粗+精加工
粗加工退刀方式	垂直	快退距离 10 mm	末行走刀次数	1
精加工进刀方式	垂直		螺纹高度	0.974
精加工退刀方式	垂直	快退距离 10 mm	粗加工深度	0.9
切削用量			精加工深度	0.074

续表 4-4-5

刀具参数		螺纹参数		
速度设定	进退刀是否快速	是	粗加工参数	
	接近速度		每行切入用量	恒定切入面积 第一刀行距 0.4, 最小行距 0.2
	退刀速度			
	进刀量	1.5 mm/r	每行切入方式	沿牙槽中心线
主轴转速选项	恒转速	320	精加工参数	
	恒线速度		每行切入用量	恒定行距 0.074
	主轴转速限制	2 000	每行切入方式	沿牙槽中心线
样条拟合方式	直线拟合			

切入切出点:$Z=-60$,$X=45$。

1)螺纹加工参数设定。参考螺纹加工参数汇总表,分别设置“螺纹参数”“螺纹加工参数”“进退刀方式”和“切削用量”等参数。如图 4-4-11 所示。

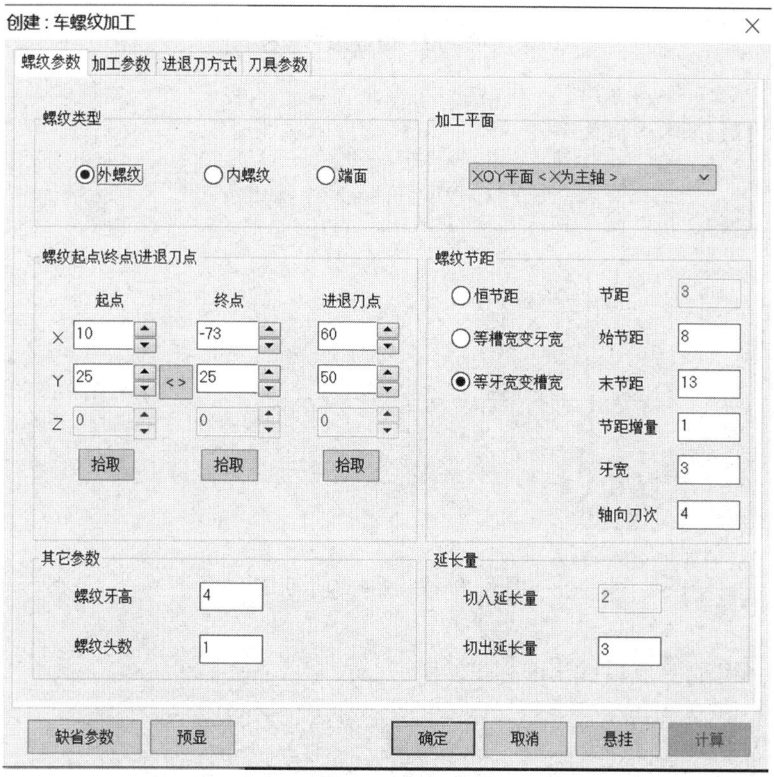

图 4-4-11 螺纹参数

2)刀具设定。如图 4-4-12 所示。

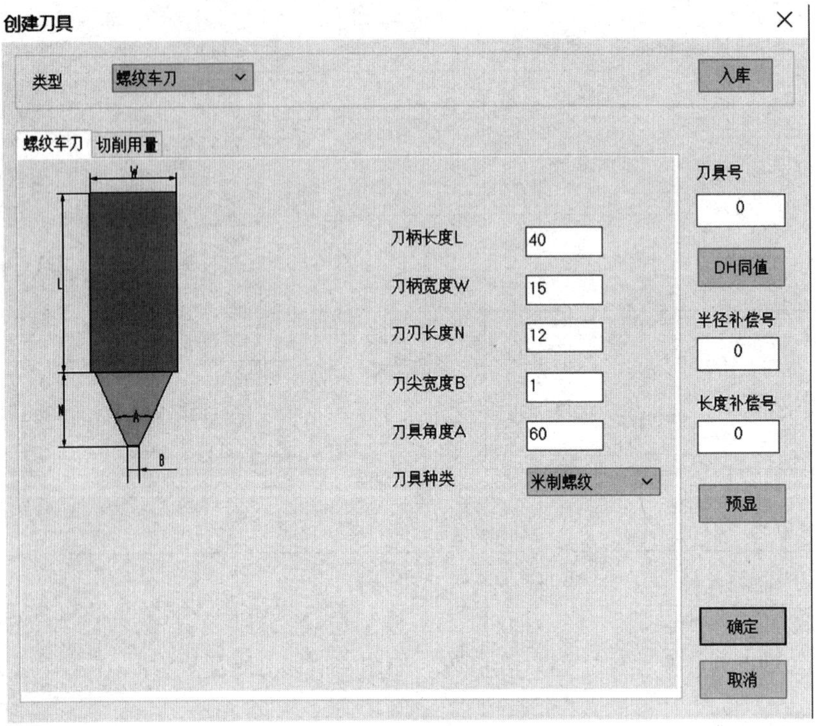

图 4-4-12　螺纹车刀参数

3)生成刀具轨迹。如图 4-4-13 所示。

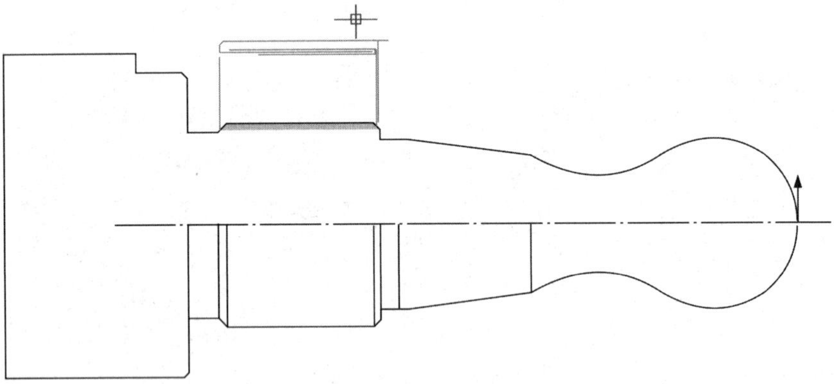

图 4-4-13　螺纹加工轨迹

(5)最后切断,完成零件车削加工。

参考文献

[1]高龙军.数控车削技术训练[M].北京:北京出版社,2015.
[2]徐斌.数控车削技术训练[M].北京:高等教育出版社,2015.
[3]张瑜胜.数控车工项目训练教程[M].北京:高等教育出版社,2011.
[4]崔兆华.数控车工(中级)[M].北京:机械工业出版社,2006.
[5]卢孔宝,顾其俊.数控车床编程与图解操作[M].北京:机械工业出版社,2018.
[6]郭建平.数控车削加工典型实例分析与详解[M].北京:化学工业出版社,2019.
[7]汪建安,程余琏.CAXA 自动编程与训练[M].北京:化学工业出版社,2010.
[8]许云飞.FANUC 系统数控车床编程与加工[M].北京:电子工业出版社,2013.
[9]吴长有,赵婷.数控加工仿真与自动编程技术[M].北京:机械工业出版社,2012.